DE
L'ASPERGILLUS FUMIGATUS

CHEZ

LES ANIMAUX DOMESTIQUES

ET

DANS LES ŒUFS EN INCUBATION

ÉTUDE CLINIQUE ET EXPÉRIMENTALE

PAR

Adrien LUCET

VÉTÉRINAIRE A COURTENAY (LOIRET)
Membre de la Société centrale de Médecine Vétérinaire
et de la Société zoologique de France,
Chevalier du Mérite agricole, etc.

---

14 Microphotographies hors texte.

PARIS

CHARLES MENDEL, LIBRAIRE-ÉDITEUR
118 ET 118 BIS, RUE D'ASSAS

—

1897

Tg9 60d

DE

L'ASPERGILLUS FUMIGATUS

CHEZ LES ANIMAUX DOMESTIQUES

ET

DANS LES ŒUFS EN INCUBATION

Tg 9/60

TRAVAUX DU MÊME AUTEUR

Une nouvelle maladie parasitaire de l'oie domestique causée par des Coccidies, (en collaboration avec le professeur Railliet, d'Alfort). In, *Bulletin de la Société de biologie*, 1890.

Note sur le Sarcopte des Muridés, (en collaboration avec le professeur Railliet). In, *Bulletin de la Société de Biologie*, 1893.

Développement expérimental des Coccidies intestinales du lapin et de la poule, (en collaboration avec le professeur Railliet). In, *Bulletin de la Société de Biologie*, 1891.

De la congestion des mamelles et des mammites aiguës, d'origine externe, chez la vache. 1 volume avec 4 planches en couleur. Carré, éditeur. Paris, 1891. (Travail récompensé par l'Académie de médecine.)

L'Accouplement des puces, (en collaboration avec le professeur Railliet). In, *Le Naturaliste*, 1889.

Indigestion ingluviale parasitaire chez le canard, (en collaboration avec le professeur Railliet). In, *Recueil de médecine vétérinaire*, 1890.

Sur le Coriza gangréneux des bêtes bovines. In, *Recueil de médecine vétérinaire*, 1892.

Corps oviformes (coccidies) dans les villosités intestinales du chien. In, *Bulletin de la Société centrale de médecine vétérinaire*, 1888.

Typhlite coccidienne chez des poulets, (en collaboration avec le professeur Railliet). In, *Bulletin de la Société centrale de médecine vétérinaire*, 1891.

Acariases multiples sur les poules, (en collaboration avec le professeur Railliet). In, *Bulletin de la Société centrale de médecine vétérinaire*, 1891.

Nouvelle septicémie du lapin. In, *Annales de l'Institut Pasteur*, 1889.

Dysenterie épizootique des poules et des dindes. In, *Annales de l'Institut Pasteur*, 1891. (Mémoire récompensé par l'Académie de médecine et par la Société nationale d'agriculture.)

Ostéo-arthrite infectieuse des jeunes oies. In, *Annales de l'Institut Pasteur*, 1892. (Mémoire récompensé par la Société des agriculteurs de France.)

Recherches bactériologiques sur la suppuration des bovidés. In, *Annales de l'Institut Pasteur*, 1893.

De l'Hémoglobinurie paroxystique a figore chez le cheval. In, *Bulletin de la Société centrale de médecine vétérinaire*, 1892. (Mémoire récompensé par la Société centrale de médecine vétérinaire.)

Tumeurs vermineuses du foie du hérisson déterminées par un trichosome, (en collaboration avec le professeur Railliet). In, *Bulletin de la Société zoologique de France*, 1889.

Notes sur quelques espèces de Coccidies encore peu étudiées, (en collaboration avec le professeur Railliet). In, *Bulletin de la Société zoologique de France*, 1891.

Sur le Davainea proglottina, (en collaboration avec le professeur Railliet). In, *Bulletin de la Société zoologique de France*, 1892.

DE

L'ASPERGILLUS FUMIGATUS

CHEZ

LES ANIMAUX DOMESTIQUES

ET

DANS LES ŒUFS EN INCUBATION

ÉTUDE CLINIQUE ET EXPÉRIMENTALE

PAR

Adrien LUCET

VÉTÉRINAIRE A COURTENAY (LOIRET)

Membre de la Société centrale de Médecine Vétérinaire
et de la Société zoologique de France,
Chevalier du Mérite agricole, etc.

---

14 Microphotographies hors texte.

PARIS

Charles MENDEL, LIBRAIRE-ÉDITEUR

118 ET 118 bis, RUE D'ASSAS

1897

CE TRAVAIL

A ÉTÉ COURONNÉ PAR LA SOCIÉTÉ CENTRALE DE MÉDECINE VÉTÉRINAIRE
(Prix PAUGOUÉ, 1896),

ET RÉCOMPENSÉ PAR L'ACADÉMIE DE MÉDECINE
(Mille francs prélevés sur le prix BARBIER, 1896)

DE

L'ASPERGILLUS FUMIGATUS

CHEZ LES ANIMAUX DOMESTIQUES ET DANS LES ŒUFS EN INCUBATION

ÉTUDE CLINIQUE & EXPÉRIMENTALE

INTRODUCTION

Dans le courant de l'été de l'année 1891, en l'espace de quelques mois, j'eus l'occasion de rencontrer trois cas de *Mycose aspergillaire spontanée*, concernant : le premier, une *Vache* ; le deuxième, une *Oie* ; le troisième, une *Poule faisane*.

A sa période finale, la maladie revêtit, dans la première observation, une forme absolument inusitée. Elle se termina, en effet, par une *Septicémie hémorragique* rapidement mortelle, succédant brusquement à une *Bronchite à marche chronique* qui, après avoir provoqué des symptômes alarmants, paraissait être en bonne voie de guérison. Sa nature fut exclusivement déterminée par des recherches histologiques et par des cultures en milieux artificiels.

Dans les autres cas, l'affection se présenta avec les caractères qu'elle possède ordinairement chez les oiseaux, c'est-à-dire sous forme de *Mycose bronchique, pulmonaire* et *abdominale*, facilement déterminable à l'autopsie.

Dans toutes ces observations, le parasite appartenait à la même espèce : l'*Aspergillus fumigatus* de Frésénius. M'étant ainsi trouvé, en peu de temps, possesseur de trois exemplaires, d'origine différente, d'un même champignon inférieur virulent, ou pouvant être considéré comme tel, j'entrepris, dans le but de compléter mes observations, une série de recherches qui donnèrent lieu à un Mémoire intitulé : *Études cliniques et expérimentales sur l'Aspergillus fumigatus.*

Présenté, en 1894, au Concours bisannuel de la Société centrale de médecine vétérinaire, ce Mémoire, accompagné d'un certain nombre de dessins et de microphotographies reproduisant quelques-unes des lésions que ce champignon détermine chez les animaux, obtint une *Médaille d'or* [1]. Toutefois, il resta en grande partie inédit.

Au mois de juin 1894, le hasard m'ayant permis d'observer une nouvelle forme de *Mycose* occasionnée encore par l'*Aspergillus fumigatus* qui, cette fois, avait envahi l'intérieur d'*Œufs de canards domestiques placés en incubation* ; puis, quelques mois après (septembre), mon ami *Thary*, vétérinaire militaire, m'ayant adressé, pour en déterminer la nature, des lésions provenant d'un *Cheval* mort, rapidement, d'une affection supposée être d'origine typhoïde et que je reconnus causée par l'*Aspergillus de Frésénius* [2], je repris mes études antérieures dans le but de les compléter et d'y ajouter quelques données nouvelles.

De là est né le travail actuel qui, divisé en *deux parties*, est relatif : dans la première, à la *Mycose aspergillaire des animaux* ; dans la seconde, à celle des *Œufs en incubation.*

Chacune de ces parties comprend un certain nombre de *chapitres*. Au nombre de *quatre* dans la première, ils concernent : 1° l'*historique général* des Mycoses ; 2° l'*exposé clinique et anatomo-pathologique* des observations relatives aux animaux et ci-dessus mentionnées ; 3° les *recherches* que j'ai effectuées à l'aide du parasite que ces observations m'ont fourni ; 4° un *essai pathologique synthétique* de ces affections chez les animaux domestiques, — essai coordonnant toutes les données acquises sur les *Mycoses aspergillaires.*

1. Lucet, *Études cliniques et expérimentales sur l'Aspergillus fumigatus.* (*Bulletin de la Société centrale de médecine vétérinaire,* 1894, p. 387.)

2. Thary et Lucet, *Mycose aspergillaire chez le cheval.* (*Recueil de médecine vétérinaire,* 15 juin 1895.)

Quant à la seconde partie, elle renferme seulement *deux chapitres*. Le premier, a trait à l'étude complète du cas de *Mycose spontanée des œufs en incubation* qu'il m'a été donné d'observer; le second renferme *les expériences* dont cette observation a été l'occasion et les indications qui en résultent.

Le chapitre que j'ai consacré à *l'historique* des Mycoses affecte un caractère général. Comprenant *deux paragraphes*, il contient, en effet, dans l'un, indistinctement *toutes les observations* dans lesquelles on a relevé la présence d'une moisissure quelle qu'elle soit, déterminée ou indéterminée; il renferme, en outre, dans l'autre, quelques données relatives aux *Mycoses expérimentales*, c'est-à-dire l'histoire des recherches entreprises, ces dernières années, dans le but de démontrer le rôle pathogène des moisissures en général ou de quelques-unes en particulier, et d'étudier leur mode de pénétration, les résistances que leur oppose l'organisme, les lésions qu'elles déterminent, etc., etc.

J'ai cru devoir étendre ainsi cette partie de mon Mémoire pour plusieurs raisons. D'abord, parce que la plupart des déterminations concernant les champignons observés dans les *cas spontanés de Mycose* n'ont été faites que par un simple examen microscopique et sont, par conséquent, très contestables ; ensuite, parce qu'il est reconnu que l'*Aspergillus fumigatus* est une des espèces dont le parasitisme est le plus fréquent, et que bon nombre de cas attribués à l'*Aspergillus glaucus*, qui ne pousse pas à la température du corps, appartiennent à l'*Aspergillus fumigatus* ; et enfin, parce que la plupart des recherches expérimentales relatives aux moisissures ont été faites avec cette dernière espèce: toutes causes rendant inséparables l'histoire des *Mycoses en général* et celle des *Mycoses déterminées par l'Aspergillus fumigatus en particulier*.

L'élaboration de ce travail m'a été singulièrement facilitée, surtout en ce qui a trait à l'historique, par une excellente revue du Dr *William Dubreuilh* [1]; par une très intéressante thèse du

---

1. William Dubreuilh, *Des Moisissures parasitaires chez l'homme et les animaux supérieurs.* (In *Archives de méd. expér. et d'an. path.*, 1891, pp. 428 et suiv.)

Dr *Louis Rénon*[1]; et par un savant livre du *Professeur Neumann*[2], de l'École vétérinaire de Toulouse; documents auxquels j'ai fait de très nombreux emprunts.

Je citerai, en outre, comme m'ayant rendu encore quelques services : le livre du Dr *C. Flügge*[3]; celui de *Crooksank*[4]; le *Traité de pathologie et de thérapeutique des animaux domestiques de Friedberger et Fröhner*[5]; le travail de *Costantin*[6]; l'ouvrage de *Stéphen Artault*[7]; et enfin la collection de ces dernières années du journal *la Semaine médicale*, où sont consignées des notes intéressantes sur le même sujet, notes dues au Dr *Rénon*, pour la plupart.

1. Louis Rénon, *Recherches cliniques et expérimentales sur la pseudo-tuberculose aspergillaire.* Paris, 1893.

2. Neumann, *Traité des Maladies parasitaires non microbiennes des animaux domestiques*, 2e édit. Paris, 1892, pp. 542 et suiv.

3. C. Flügge, *les Microorganismes étudiés spécialement au point de vue de l'étiologie des maladies infectieuses;* trad. de l'allemand par le Dr Henrijean. Bruxelles, 1887.

4. Crooksank, *Manuel pratique de bactériologie;* trad. de l'anglais par Bergeaud, vétérinaire. Paris-Bruxelles, 1886.

5. Traduit de l'allemand par le professeur Cadiot, d'Alfort, et Ries. Paris, 1892.

6. Costantin, *les Mucédinées simples.* Paris, 1888. (De la bibliothèque : *Matériaux pour l'histoire des Champignons,* 2e volume.)

7. Stéphen Artault, *Recherches bactériologiques, mycologiques, zoologiques et médicales sur l'œuf de poule.* Paris, 1893.

PREMIÈRE PARTIE

MYCOSE ASPERGILLAIRE DES ANIMAUX

CHAPITRE PREMIER.

Historique.

§ 1.

« ... L'histoire des parasites, prise dans son sens le plus large, remonte fort loin, et l'on peut remarquer que l'ordre de la découverte des différents groupes de parasites est à peu près calqué sur l'ordre de volume décroissant. Il en est ainsi pour les parasites animaux, depuis les ténias jusqu'aux psorospermies et aux hématozoaires, dont la découverte date d'hier : il en est de même pour les parasites végétaux. Les premiers végétaux parasites qui ont été reconnus sont donc les moisissures.

« Les moisissures parasitaires, en effet, sont, dans certains cas, reconnaissables à l'œil nu. Elles se présentent avec le même aspect que sur une croûte de pain ou sur un pot de confiture. C'est dans ces conditions qu'en 1815 elles ont été observées pour la première fois par *A.-C. Mayer* (**1**) dans les bronches et les sacs aériens d'un geai. » (*W. Dubreuilh.*)

La découverte des moisissures, vivant à l'état parasitaire dans l'économie animale, n'est donc pas nouvelle ; de plus, ainsi qu'on va le voir, ce fait est loin d'être rare.

Après A.-C. Mayer, *Jœger* (1816) (**2**) trouve des moisissures vertes dans les voies aériennes d'un cygne. En 1826, *Heusinger* (**3**) voit ces végétaux s'étendre jusque dans la cavité des os longs chez une cigogne ; puis surgissent les observations de *Theile* (1827) (**4**), d'*Owen* (1833) (**5**), de *Rousseau et Serrurier* (1841) (**6**), relatives : les deux premières, au corbeau et au flamant ; les autres, à la perruche et à la biche.

Jusque-là, tous les cas cités sont rapportés très sommairement; mais avec *E. Deslonchamps* (**7**), qui vient ensuite (1841), apparaît un progrès marqué. Le premier, en effet, il donne une excellente description d'une mycose qu'il a vue chez un canard eider, mort de langueur après six mois passés dans une basse-cour, et ce qu'il dit du parasite indique clairement qu'il s'agit d'un *Aspergillus*.

En 1842, *J. Muller* et *Retzius* (**8**) trouvent des moisissures verdâtres dans les voies respiratoires d'un stryx nictea et d'un faucon, et montrent, au moins quant au second cas, que ces moisissures, qui reposent sur des plaques blanchâtres, arrondies, dures et lardacées, — plaques que *Robin* démontre être formées par l'enchevêtrement et le feutrage du mycélium du champignon lui-même, — appartiennent au genre *Aspergillus*.

La même année, *Rayer* et *Montagne* (**9**) observent des moisissures dans les sacs aériens d'un bouvreuil tuberculeux, et par un essai de culture obtiennent l'*Aspergillus candidus Micheli*, « seul cas où l'on ait signalé le parasitisme de cette espèce. » (*W. Dubreuilh*.)

Six ans plus tard (1848), *Spring* (**10**) voit, dans les sacs aériens d'un pluvier, une moisissure verte qu'il étudie avec *Robin* et que tous deux désignent sous le nom d'*Aspergillus glaucus*, dénomination à coup sûr erronée, cette espèce ne poussant pas à la température du corps et n'étant pas pathogène.

Arrive alors le livre de *Robin*[1] qui fait faire un pas très important à la question. Dans ce mémoire, en effet, se trouve la première observation complètement étudiée. Relative à un faisan mort tuberculeux, elle est minutieusement décrite. Il en est de même du parasite que *Robin* appelle *Aspergillus nigrescens* et qu'il considère comme un simple saprophyte développé sur une production morbide préexistante.

Trois ans après (1856), apparaît le cas de *Rivolta* (**11**) relatif à un cheval atteint de mycose des sinus et du poumon, puis celui de *Gluge-Eldeken* (1858) (**12**).

Quelques années se passent ensuite sans de nouvelles observations; mais, en 1870, *Grohe* (**13**) et son élève *Bloch* (**14**), en appliquant la méthode expérimentale à l'étude des moisissures, attirent

---

1. Robin, *Histoire naturelle des végétaux parasites qui croissent sur l'homme*, etc. (Paris, 1853.)

l'attention sur le parasitisme de ces végétaux et de nouveaux et nombreux cas de mycose sont alors publiés.

Gotti (**15**) débute en 1871, en rapportant un cas de catarrhe auriculaire chez le chien paraissant déterminé par un *Aspergillus*. L'année 1872 voit l'observation de *Paulicki* (**16**). — En 1873, *Hayem* (**17**) signale deux cas de pneumomycose chez le canard, et dans la discussion à laquelle ce fait donne lieu à la Société de Biologie, *Carville* rapporte que *Ch. Bouchard* aurait vu, en 1866, des moisissures dans les poumons d'un perroquet.

Un peu plus tard (1875), *Heusinger* (**18**) trouve dans les poumons d'un flamant un champignon inférieur qu'il appelle *Aspergillus dubius*, et *Frésénius* (**19**) voit chez une outarde une moisissure à laquelle il donne le nom d'*Aspergillus fumigatus*.

En 1876, *Pech* (**20**) observe de la pneumomycose sur sept chevaux ayant mangé de la paille moisie : *Bonizzi* (**21**) rencontre des moisissures chez le pigeon ; *Zürn* (**22**) trouve, dans la trachée d'une vache trachéotomisée, des spores fixées en amas, appartenant au genre *Pleospora herbarum* et dont quelques-unes avaient germé. De plus, il dit avoir vu, plusieurs fois, la pneumomycose *aspergillaire* chez le cheval et avoir observé une fois, dans la trachée d'une vache, une ulcération arrondie tapissée d'*Aspergillus fumigatus*.

Schmidt (**23**) publie, en 1877, quelques observations sur le même sujet. *Bollinger* (1878) (**24**) et *Generali* (1879) (**25**) voient l'*Aspergillus nigrescens* occasionner : le premier, la mort d'un cardinal par obstruction de la trachée ; le second, une épizootie grave dans un colombier. En 1879, *Siedamgrotzky* (**26**) signale également quelque chose d'analogue.

Bollinger (**27**) observe en 1880, chez différents oiseaux, les pigeons notamment, des mycoses déterminées par le *Mucor racemosus* et par le *Mucor conoïdeus*, mycoses que *Schütz* (**28**) et *Zürn* (**29**) auraient également vues (1882) ; *Schütz* aurait même trouvé le *Mucor mucedo* dans les poumons et les sacs aériens de plusieurs espèces d'oiseaux, (d'après *Pallauf*) (**30**).

En 1881, *Kitt* (**31**) rapporte deux cas de pneumomycose du pigeon.

Trois ans plus tard (1884), *P. Martin* (**32**) publie « une intéressante observation de pneumomycose chez un cheval de quatre ans qui avait été abattu parce qu'il maigrissait et ne mangeait guère depuis plusieurs mois. » (*Neumann*.) Outre des lésions accentuées du poumon, l'animal en question présentait de nombreux tubercules mycotiques du foie. Toutefois, le champignon ne fut pas déterminé. Dans le même temps, *Perroncito* (**33**) décrit de son côté un cas d'*Aspergillose miliaire* chez une poule.

Peu après, *G. Ræckl* (1885) (**34**) et *Piana* (1886) (**35**) voient un semblable cas chez la vache. Il s'agit cette fois de l'*Aspergillus fumigatus*, dont on trouve le mycélium au centre de tubercules qui sont répandus dans toute l'épaisseur du poumon. *Röll*, à la même époque (1885), consacre quelques lignes à ces affections dans sa *Pathologie vétérinaire*[1].

En 1885 encore, *Rivolta* (**36**) observe dans les reins, les poumons et la corne gauche de l'utérus d'une chienne « des sarcômes encéphaloïdes renfermant des filaments entrelacés en divers sens. » (*Neumann*.) Bien que ce champignon n'eût fait l'objet d'aucune culture et par conséquent n'eût pas été déterminé, *Rivolta* lui donna le nom de *Mucoromyces canis familiaris*, dénomination absolument arbitraire.

Au mois de juillet 1887, *Bizard* et *Pommay* (**37**) décrivent deux cas de mycose de l'autruche. L'un d'eux a trait à une « pseudotuberculose généralisée causée par un *Aspergillus* » qu'ils croient être l'*Aspergillus fumigatus*; l'autre se rapporte à des « arthrites et péri-arthrites causées par une moisissure » qu'ils supposent être le *Penicillium glaucum* et qu'ils trouvent jusque dans la cavité des os.

La même année, *Rivolta* (**38**) décrit une pneumomycose *Aspergillaire du faisan*, *Zschokke* (**68**) une mycose du cygne, et, en 1889, *Zürn* (**39**) apporte de nouvelles observations.

Dieulafoy, *Chantemesse* et *Widal* (**40**) étudient en 1890, chez les pigeons, une mycose qui, habituellement buccale et se présentant sous la forme d'un « nodule blanchâtre, d'apparence caséeuse, du volume d'un pois à celui d'une petite noisette » (*Neumann*), peut s'étendre et se généraliser aux poumons, au foie, à l'œsophage, à l'intestin, aux reins. Causée par l'*Aspergillus fumigatus*, cette mycose, « sous cette forme buccale, avait déjà été vue chez une poule par *Rivolta et Delprato* (**41**). » (*Neumann*.)

---

1. Dr F.-M. Röll. *Manuel de Pathologie et de Thérapeutique des animaux domestiques*. Édition française, Paris, 1896.

Un an plus tard, *Mazzanti* (1891) (**42**) « trouva le poumon d'un agneau parsemé de tubercules à contenu puriforme, du volume d'un grain de pavot à celui d'un grain de chènevis, entourés d'une aréole inflammatoire, parfois agglomérés par trois ou quatre en une masse unique », et dont le contenu « renfermait des spores et un mycelium... » (*Neumann.*) L'espèce du parasite ne fut pas déterminée.

En 1893, *Rénon* (*in loc. cit.*), reprenant l'étude de *Dieulafoy*, *Chantemesse* et *Widal*, apporte de nouveaux faits concernant la mycose buccale occasionnée chez les pigeons par l'*Aspergillus fumigatus*. *Goodall* (**43**) signale, chez le cheval, une otite mycotique déterminée par l'*Aspergillus nigricans* et ayant provoqué des crises épileptiformes.

En 1894, le *Bulletin de la Société centrale de médecine vétérinaire* publie *mes* trois observations concernant une vache, une oie et une faisane. Enfin, deux nouveaux cas sont encore signalés au commencement de cette année (1895). L'un, rapporté par *J. Bournay* (**44**), concerne une vache; l'autre, étudié par *Thary* et moi-même, et déjà indiqué (*Introduction*), est relatif à un cheval.

Telles sont les publications relatives aux *Mycoses spontanées des animaux* que j'ai trouvé signalées dans mes recherches bibliographiques. Concernant surtout les oiseaux et constituant presque toutes des trouvailles d'autopsie, ces observations sont, pour la plupart, très incomplètement décrites, au moins quant à l'espèce parasitaire rencontrée qui est indéterminée ou arbitrairement déterminée. Néanmoins, ce sont les *Mycoses aspergillaires* qui paraissent dominer, et parmi elles, il semble que nombreuses surtout sont les *Mycoses* occasionnées par l'*Aspergillus fumigatus*, dont le développement se fait à une température voisine de celle du corps, condition essentielle pour l'évolution d'une *Mycose viscérale*.

§ II.

Jusqu'en ces dernières années, la preuve expérimentale du rôle pathogène des moisissures avait manqué; aussi tous les auteurs antérieurs, *Spring* et *Robin* entre autres, les considéraient-ils comme de simples parasites accidentels, comme de vulgaires saphophytes, susceptibles seulement de se développer sur une muqueuse préalablement malade. Cette hypothèse, purement gratuite et qui ne repose sur rien, peut être vraie dans certains cas, pour les *Mycoses externes*, par exemple. Il peut arriver, en effet, que des spores d'une moisissure quelconque, déposées accidentellement sur une surface malade, s'y implantent et y végètent, comme sur des substances en décomposition, en donnant lieu à une affection secondaire. Mais, à coup sûr, ce n'est pas là le cas le plus général, au moins pour les *Mycoses internes* ou *viscérales*. L'expérimentation prouve, au contraire, que les moisissures, au moins celles dont l'évolution se fait à une température élevée, sont capables de développer une *affection spéciale, autonome, ayant sa gravité propre, parfois contagieuse et même épizootique.*

C'est en 1870 que *Grohe* (**13**) et *Bloch* (**14**) déterminèrent, les premiers, par l'injection de spores de moisissures dans les veines ou dans les cavités séreuses de lapins, une maladie mortelle en trente ou trente-six heures, caractérisée par le développement de ces spores dans les viscères, les reins surtout, et aussi dans le système musculaire. Les lésions consistaient en tubercules miliaires formés par un mycélium enchevêtré végétant au milieu d'un tissu nécrosé et infiltré de leucocytes.

Ces expériences avaient été faites, d'après leurs auteurs, avec des spores d'*Aspergillus glaucus*, de *Penicillium glaucum* et de quelques *levures*. Or, en 1877, *Grawitz* (**45**), reprenant ces recherches dans le but de contrôler les faits nouveaux qu'elles avaient fournis, obtient avec les mêmes champignons et quelques autres encore, tels que l'*Aspergillus niger*, les *Mucor mucedo, stomolifer, racemosus,* etc..., des résultats négatifs.

En présence de cet insuccès, et sachant que ces champignons inférieurs se développent surtout dans des milieux acides et bien aérés, *Grawitz* accuse, comme s'opposant à leur prolifération dans l'organisme animal, l'alcalinité du sang et des tissus, le manque d'oxygène et quelques autres causes encore. En outre, il suppose que si *Grohe* et *Bloch* « ont obtenu des infections mycotiques, cela tient peut-être à quelque petite différence dans le procédé qui gène l'action des cellules vivantes ou à ce que l'émulsion injectée, outre le *Penicillium glaucum* et l'*Aspergillus glaucus,* contenait les *spores de quelque champignon virulent inconnu.* » (W. *Dubreuilh.*)

Trois ans plus tard (1880), dans un nouveau travail, *Grawitz* (**67**), « abandonnant cette dernière piste qui était la bonne », cherche une autre cause à ses insuccès. Supposant qu'ils sont dus au défaut d'acclimatement des spores injectées, il tente de donner aux moisissures dont il se sert, par des modifications apportées aux milieux dans lesquels il les cultive, et par une élévation graduelle de la température à laquelle il les entretient, une accoutumance à l'organisme où elles doivent se développer.

Obtenant alors des résultats positifs, il admet que la virulence des moisissures n'existe pas normalement, qu'elle n'est qu'artificielle, qu'elle s'acquiert progressivement en passant par une série de stades intermédiaires, et qu'elle est susceptible de se perdre par le retour graduel aux conditions normales de leur végétation.

L'importance de ces faits était telle, quant à la pathologie générale, que, immédiatement, un grand nombre d'expériences furent entreprises de divers côtés. *Kock* et *Gaffky* (**46**), *Baumgarten* et *Muller* (**47**) en 1882, puis *Kauffmann* (**48**), alors répétiteur à l'École vétérinaire de Lyon (1882), reprennent ces recherches. Mais les résultats qu'ils obtiennent contredisent les faits avancés par *Grawitz*. Ils montrent, en effet, que certaines moisissures, comme le *Penicillium glaucum*, l'*Aspergillus niger*, sont toujours inoffensives ; tandis que d'autres, l'*Aspergillus glaucus*, par exemple, ou *ce qu'ils croient être cette moisissure*, sont constamment pathogènes, quels que soient les moyens employés pour les cultiver. *Kaufmann* trouve en outre que cet *Aspergillus glaucus* exige, pour se développer et fructifier abondamment, une température de 38°-39° à laquelle l'*Aspergillus niger*, qui demande une température plus basse, non seulement ne pousse pas, mais encore meurt en quelques jours. Il admet en conséquence que *Grawitz* obtenait, par ses cultures à haute température et à son insu, une substitution d'espèces survenant par suite de l'impureté de sa semence.

Arrive alors l'étude de *Lichtheim* (**49**), de Berne (1882), qui met les choses au point. Tout d'abord, il constate que la plus légère impureté des cultures peut fausser les résultats, et il cite à ce sujet une expérience typique. Un lapin inoculé avec une riche émulsion de spores d'*Aspergillus niger* meurt, en quelques jours, avec des lésions rénales fort accentuées. Or, des cultures faites avec ces lésions donnent naissance à une moisissure verte, qu'il croit être l'*Aspergillus glaucus*. L'erreur était flagrante, et il était évident que la culture d'*Aspergillus niger* dont il s'était servi n'était pas pure. Confirmant les expériences de *Baumgarten*, *Kaufmann*, etc., et expliquant du même coup les résultats obtenus par *Grawitz*, il montre que suivant les conditions dans lesquelles on fait les cultures on obtient, si la semence dont on se sert est impure, tantôt une espèce, tantôt une autre, d'où la variabilité des résultats fournis par les inoculations.

Toutefois, il était un fait que *Lichtheim* lui-même avait constaté et qui restait inexpliqué : c'était la virulence de l'*Aspergillus glaucus* entretenu à une température élevée où il poussait abondamment, et la bénignité de cette moisissure obtenue à une température plus basse. Par un examen attentif de ses cultures, *Lichtheim* s'aperçoit alors qu'il avait affaire à deux moisissures différentes : l'une, à *grosses spores*; l'autre, à *spores plus petites*; la première, fructifiant à la température ordinaire, non virulente; la seconde, donnant des spores seulement à la température du corps, pathogène. *De Bary*, consulté, reconnait dans l'espèce inoffensive à grosses spores l'*Aspergillus glaucus* (*Eurotium glaucum*, de Bary), et dans l'espèce virulente, à petites spores, la moisissure trouvée par *Frésénius* chez une outarde, et appelée par lui *Aspergillus fumigatus*.

Poussant plus loin ses investigations, *Lichtheim* se fait adresser des cultures des moisissures ayant servi à *Kock* dans ses expériences avec *Gaffky*, et il voit qu'il s'agit, pour l'une d'elles, non de l'*Aspergillus glaucus*, mais bien de l'*Aspergillus fumigatus;* et pour l'autre, d'un champignon inconnu que *Eidam* détermine sous le nom d'*Aspergillus flavescens*, dont les spores jaunes, beaucoup plus grosses que celles de l'*Aspergillus fumigatus*, se développent parfaitement dans l'organisme du lapin.

« Ainsi se trouvaient expliquées les divergences entre *Grawitz* et ses adversaires. La moisissure verte, développée spontanément sur des milieux végétaux exposés à l'air, n'est, en effet, pas virulente; mais cette moisissure, nécessairement impure, cultivée à l'étuve, changeait graduellement de caractère, et l'*Aspergillus virulent à petites spores remplaçait l'espèce à grosses spores*. Lorsque cette culture, devenue virulente (par substitution d'espèces), était reportée à une température plus basse, si elle était pure, elle croissait moins bien, mais tout en restant virulente (*Gaffky, Kaufmann*) ; si elle ne l'était pas, elle subissait (par substitution encore) une transformation inverse et devenait inoffensive. » (*W. Dubreuilh.*)

Les expériences précitées, faites surtout en vue de contrôler la véracité de l'atténuation possible de la virulence des moisissures annoncées par *Grawitz*, eurent donc pour résultat, d'une part, la ruine de cette hypothèse ; d'autre part, la distinction de différentes espèces de moisissures jusque-là confondues avec d'autres ; la démonstration du rôle nettement pathogène des nouvelles espèces *Aspergillus fumigatus* et *flavescens*, et la mise en évidence de la bénignité de quelques-uns de ces champignons inférieurs, tels que l'*Aspergillus niger*, l'*Aspergillus glaucus*, etc., considérés à tort aaparavant comme virulents. En outre, elles ouvrirent aux expérimentateurs une voie nouvelle, et bientôt de nombreux travaux vinrent compléter les données acquises, ou fournir de nouveaux faits.

Ces dernières recherches peuvent être divisées en deux catégories : l'une, comprenant les expériences entreprises en vue de démontrer la virulence de quelques autres moisissures ; l'autre, renfermant les études faites dans le but de montrer le mode de pénétration de ces parasites, d'indiquer la façon dont l'économie animale réagit sous leur action, et aussi de rechercher les moyens d'atténuer leur virulence ou de combattre les affections qu'ils causent.

Dans le premier groupe rentrent les travaux :

De *Leber* (1882) (**50**), démontrant que l'*Aspergillus nigrescens* est inoffensif pour le lapin ;

De *Eidam* (1883) (**51**), concernant l'*Aspergillus* ou *Stérigmatocystis nidulans*, virulent pour quelques animaux ;

De *Schütz* (1884) (**52**), prouvant à nouveau la virulence de l'*Aspergillus fumigatus* et l'incapacité pathogène de l'*Aspergillus glaucus* ;

De *Ribbert* (1886-88) (**53**) et *Nippen* (1888) (**54**), relatifs à l'*Aspergillus flavescens* dont les spores amènent rapidement la mort du lapin par injection intra-veineuse ;

De *Olsen* et *Gadde* (1886) (**55**), enseignant que le lapin et le chat succombent à l'inoculation des spores de l'*Aspergillus subfuscus;*

De *Lindt* (1889) (**56**), indiquant le pouvoir pathogène de l'*Eurotium malignum*, des *Mucor corymbifer, rhizopodoformis, pusillus* et *ramosus,* pouvoir pathogène également démontré, quant au lapin, par de nouvelles recherches de *Lichtheim* (1883) (**57**);

De *Sabrazès* (1893) (**58**), montrant que le champignon du *Favus,* l'*Achorion schœnleinii,* provoque chez le lapin, par injection intra-veineuse, intra-péritonéale et dans la chambre antérieure de l'œil, une infection mycotique rapidement mortelle;

De *Gabriel Roux* et *Linossier* (1890) (**59**) et de *Charrin* (1895) (**60**), démontrant que le parasite du *muguet,* l'*Oïdium albicans,* est également virulent pour le lapin, en injection dans le torrent circulatoire;

Et enfin de *Auché* et *Le Dantec* (1894) (**61**), concernant une nouvelle espèce indéterminée de *Botrytris,* pathogène pour l'homme, et le lapin en inoculation sous-cutanée.

Le second groupe, outre les mémoires de *Grohe, Grawitz, Ribbert, Nippen, Olsen, Gadde,* etc., déjà cités, contient ceux de *Laulanié* (1884) (**62**), de *Fraënkel* (1885) (**63**), de *Ziegenhorm* (1886) (**64**), de *Hugemeyer* (1888) (**65**), de *Rénon* (1895) (**66**) [1], qui tous ont fourni des données intéressantes que je crois utile de signaler brièvement, au moins dans leurs grandes lignes.

En premier lieu, dans les affections mycotiques comme dans les maladies infectieuses, il faut compter avec la prédisposition naturelle ou acquise de l'animal inoculé. Une moisissure, en effet, très virulente pour une certaine catégorie d'animaux, peut ne pas l'être pour une autre. C'est ainsi que le *Mucor rhizopodoformis,* très pathogène pour le lapin, est inoffensif pour le chien (*Lichtheim*), qui, on le verra plus loin, résiste également, ainsi que le mouton, à l'inoculation intra-veineuse des spores de l'*Aspergillus fumigatus,* espèce très virulente, cependant, pour un grand nombre d'animaux. Mais, tandis que dans celles-ci la gravité de l'affection, chez un animal susceptible de la contracter, dépend sur-

1. Le docteur L. Rénon vient encore de publier, sur l'Aspergillose, un très intéressant volume, orné de gravures, qui est la synthèse de toutes ses recherches antérieures. D' L. Rénon, *Étude sur l'aspergillose chez les animaux et chez l'Homme,* 1 vol. Paris, 1897.

tout de la matière injectée, dans celles-là cette gravité est en relation, non seulement avec le nombre des spores inoculées, mais encore tient à la proportion plus ou moins grande de ces spores qui arrivent à germer.

La cause de cette différence entre les affections mycotiques et les maladies infectieuses réside dans la façon dont se comporte, dans l'organisme, la matière inoculée. Chez ces dernières, les germes inoculés se reproduisent sur place et pullulent chez l'individu malade; aussi, sont-elles très facilement transmissibles d'un animal à un autre. Dans les mycoses, au contraire, à part quelques exceptions, les spores injectées qui se développent n'arrivent pas à maturité. Produisant simplement un mycélium sans fournir de nouvelles graines, elles sont incapables de donner naissance à des foyers secondaires. Pour qu'une nouvelle inoculation ait lieu, il faut qu'il se produise une fructification, et celle-ci n'est possible qu'au contact de l'air. Elles sont donc, en général, *non transmissibles* d'un animal à un autre.

Cependant, sous l'influence d'un ensemble de circonstances spéciales, les Mycoses peuvent revêtir un caractère *contagieux* ou *épizootique*. Ces conditions sont réalisées chez les animaux vivant en commun, les oiseaux principalement, soit par l'usage d'une nourriture commune avariée, moisie ou simplement chargée de spores, soit par la présence, parmi eux, d'un individu atteint de *Mycose bronchique*, forme dans laquelle le développement complet du parasite a lieu dans l'organisme, — individu qui, alors, devient, pour ses congénères, une source de contage par ses expectorations riches en spores, contaminant les locaux, les boissons ou les aliments.

Du reste, cette localisation aux voies aériennes est la forme la plus commune des *Mycoses spontanées*, et il semble que l'infection se produit surtout par l'air inspiré chargé de spores. Celles-ci échouent dans les ramifications de l'arbre bronchique, et, trouvant là les conditions nécessaires à leur développement complet, (terrain, aération, température), végètent activement et donnent naissance à un mycélium qui ne tarde pas à produire des organes reproducteurs bientôt chargés de nouvelles graines arrivées à maturité. Ces dernières alors, ou sont rejetées au dehors, entraînées par les expectorations, ou se greffent sur la muqueuse respiratoire dans un point plus ou moins éloigné de leur lieu d'origine, ou encore sont emportées par l'intermédiaire de vaisseaux sanguins ou lymphatiques lésés, dans lesquels elles ont pénétré, dans quelque organe éloigné, où, se comportant comme dans les *Mycoses expérimentales*, elles évoluent sans fournir de nouveaux foyers. Il y a alors là de l'*auto-infection*, de l'*auto-inoculation* fort bien caractérisée.

Dans ce cas, les lésions sont de deux sortes : d'une part, on trouve, dans les points bien aérés, des plaques de moisissures semblables à celles qu'on rencontre dans les conditions ordinaires de la vie, sur toutes les substances susceptibles de moisir; d'autre part, on observe, dans l'épaisseur des tissus, des tubercules plus ou moins nombreux et volumineux ayant la plus grande ressemblance avec les lésions de la tuberculose bacillaire.

Lorsque les Mycoses sont d'*origine expérimentale*, les altérations nécroscopiques, quelle que soit la voie choisie pour l'inoculation, inhalation, injection dans la trachée, dans les veines ou le péritoine, appartiennent presque toujours à cette dernière catégorie, et il est rare d'observer autre chose que des tubercules. Parfois volumineux, surtout dans quelques organes, comme les reins, souvent miliaires, dans le foie ou la rate, ils sont essentiellement constitués par une couronne de globules blancs englobant les spores germées.

Le mécanisme de l'évolution de ces granulations est le même que dans toutes les affections tuberculiformes. Sous l'influence d'une injection de spores, il se fait aux points où celles-ci s'arrêtent et germent, ou bien un travail de dégénérescence, ou bien une diapédèse abondante de leucocytes infiltrant rapidement tout le nodule mycotique : — diapédèse qui, si elle ne se manifeste pas dès le début, se fait invariablement au moment où survient la réaction inflammatoire et arrête le développement du champignon si elle est abondante, ou le laisse croître et étendre son mycélium si elle est insuffisante.

Dans le premier cas, le parasite disparaît et il ne reste, dans les nodules mycotiques parfois ramollis, qu'un amas de petites cellules; mais on peut aussi y trouver, lorsqu'ils sont plus volumineux, des cellules géantes renfermant des débris de mycélium ou des spores non germées. L'animal est alors susceptible de cicatriser ses lésions et de guérir.

Dans le second cas, les tubercules augmentent de volume, l'intensité de la réaction inflammatoire s'accroît, et la mort arrive du fait de l'étendue et de l'activité de cette réaction. Toutefois, le malade peut succomber dès le début par suite de la multiplicité des foyers de nécrose.

La répartition de ces lésions est en rapport avec le mode d'inoculation et aussi avec la réceptivité encore inexpliquée de certains organes. Tous, en effet, ne sont pas atteints à un même degré, et, chose curieuse, il semble que ce sont surtout ceux qui ont le moins besoin d'oxygène qui sont le plus touchés. En outre, il arrive que des organes qui ne sont pas lésés pendant la vie donnent néanmoins, après la mort, les spores s'y conservant intactes, d'abondantes cultures si on les soumet à une température humide convenable. Il y a là encore un certain nombre de points obscurs à élucider.

De plus, l'espèce du champignon inoculé, n'est pas sans avoir une influence assez marquée sur cette répartition des lésions. Ainsi, tandis que les *Aspergillus* se développent surtout dans les reins, le foie, la rate, le cœur, les muscles striés, les *mucor* évoluent principalement dans les reins, l'intestin et les ganglions mésentériques.

Quant aux essais d'atténuation de la virulence des moisissures pathogènes, auxquels ont attaché leurs noms. *Fraënkel, Ziegenhorm, Ribbert* et *Hugemeyer*, ils paraissent n'avoir pas donné jusqu'alors de résultats bien marqués. Par contre, quelques expériences relatives au traitement des affections mycotiques, à l'aide de substances à base d'iode entreprises par *Rénon*, ont fourni certaines données intéressantes sur lesquelles, d'ailleurs, je reviendrai plus loin.

De toutes les recherches rapportées dans ce long aperçu historique, il résulte donc un fait bien démontré : c'est le rôle pathogène indéniable de certaines espèces de champignons inférieurs appartenant au grand groupe des *Moisissures*, et notamment de l'*Aspergillus fumigatus*. Mais outre les espèces maintenant reconnues comme possédant vis-à-vis des animaux une réelle virulence, il est possible, il est probable même qu'il en existe d'autres, non encore étudiées ou indéterminées, pouvant végéter dans l'organisme et y causer des lésions plus ou moins accentuées.

Du reste, toutes les expériences précitées ont surtout été faites sur le lapin ; or, si facile à infecter que soit cet animal, il n'est pas exagéré de croire qu'il puisse être, naturellement, réfractaire à certaines moisissures virulentes pour un animal d'une autre espèce.

L'étude expérimentale de ces végétaux n'est donc qu'ébauchée, et, sans aucun doute, des recherches ultérieures, conduites avec persévérance, mettront en lumière bien des points encore complètement obscurs à l'heure actuelle.

Toutefois, on ne doit pas perdre de vue ce fait, mis en évidence par les recherches rapportées antérieurement, que seules, les moisissures se développant et fructifiant à une température voisine de celle du corps paraissent virulentes, les autres, n'étant que de simples saprophytes ou des parasites accidentels pour lesquels il faut une préparation un peu spéciale du terrain.

BIBLIOGRAPHIE.

NOTA. — Cette bibliographie concerne les travaux non encore indiqués des auteurs cités. — Les numéros d'ordre correspondent à ceux accolés à la droite du nom des auteurs.

1. A. C. MAYER...... Verschimmelung im lebedem Körper. Archiv. f. Anat. und Physiol. v. I. F. Meckel. 1815.

2. JAEGER.......... Ueber Enstehung von Schimmel in Innern der thierischen Körpers. Meckel's Archiv. für Anatom. und Physiol. 1816.

3. HEUSINGER....... Bericht v. d. Königl. Zootom. Anstalt. zu Würzburg. 1826.

4. THEILE.......... Heusinger's Zeitsch f. d. Organ. Physik. 1827.

5. OWEN (R.)........ Philosophical Magazine. 1833.

6. ROUSSEAU et SERRURIER. Comptes rendus de l'Acad. des sc. 1841.

7. E. DESLONCHAMPS. Notes sur les mœurs du Canard Eider et sur les Moisissures développées pendant la vie à la surface interne des poches aériennes d'un de ces animaux. (Annales des sciences naturelles. Juin 1841.)

8. MÜLLER (J.) et RETZIUS. Ueber pilzartige Parasiten in den Lungen und Lufthöhlen der Vögel. Müller's Archiv. f. Anat. und Physiol. 1842.

9. RAYER et MONTAGNE. Journal l'Institut. 1842.

10. Spring............ Sur une Mucédinée développée dans la poche aérienne abdominale d'un pluvier doré. (Bulletin de l'Académie royale des sciences de Belgique. 1848.)

11. Rivolta......... Il Medico Veterinario. 1856.

12. Gluge-Udekem... Annales de Bruxelles. 1858.

13. Grohe........... Experimente über die Injection der Pilzsporen von Aspergillus glaucus und Penicillium glaucum in dem Blut und die serösen Säcke. Berl. kl. Wochensch. 1870. N° 1.

14. Block........... Beitrag zur Kenntniss der Pilzbildung in den Gerveben desthierischen Organismus. (Thèse de Stettin. 1870.)

15. Gotti........... Giorn. di Anat. Fisiol. e Pathol. degli Animali. 1871.

16. Paulicki........ Magazin. 1872.

17. Hayem.......... Pneumomycose du Canard. (Bullet. Soc. de biologie. 1873. Pp. 295 à 300. Discussion : Carville.)

18. Heusinger...... Acad. of naturali Sciences of Philadelphia. 1875.

19. Frésénius....... Beïtrage zur Mikologie. 1875.

20. Pech............ Preuss. Mittheil. 1875-76.

21. Bonizzi......... Cité par Rénon.

22. Zürn........... Beitræge zur Lehre v. d. durch Pilze heworgerufène Krankeiten der Hausthiere. (Berliner Archiv. 1876.)

23. Schmidt......... Thierartz. 1877.

24. Bollinger....... Deutsche Zeitschr. f. Thiermed. 1878.

25. Generali........ Di una Malattia epizootica nei colombi. Il medico Veterinario. 1879.

26. Siedamgrotzky... Pütz'sche Zeltschr. 1879.

27. Bollinger....... Ueber Pilzkrankheiten höherer und niederer Thiere. Aertzl. Intellingenzblatt. 1880.

28. Schütz.......... Ueber d. Eindringen v. Pilzsporen in die Athmungswege Mitth. d. Kais. Ges. — Amts. Bd. II. 1880.

29. Zürn........... Die Krankeiten des Hausgeflügels. 1882.

30. Paltauf (A.)..... Mycosis Mucorina. Ein Beitrag zur Kenntniss der menschlichen Fadenpilzerkrankungen. Virchow's Archiv. t. CII. 543.

31. Kitt............ Deutsche Zeitch. f. Thiermedicin. B. d. 7. 1881.

32. P. Martin....... Jahresber. d. k. centr. Thierarzneischule in München. 1884.

33. Perroncito...... Il medico Veterinario. 1884.

34. Roeckl......... Ann. de Médecine vétér. 1885.

35. Piana.......... Scuola sup. di med. Veter. di Milano. (Annuario, p. 1886-87.)

36. Rivolta......... Giorn. di anat. fisiol. e patol. degli animali. 1885.

37. Bizard et Pommay Recueil de Médecine vétérinaire. 1887. (Bulletin de la Société centrale.)

38. RIVOLTA......... Pneumomykosi aspergillina in un fagiano. Pisa. 1887.

39. ZÜRN............ Die pflanz. Parasiten. 1889.

40. DIEULAFOY, CHANTEMESSE et WIDAL. Pseudo-tuberculose mycosique des gaveurs de volailles. (Bull. médical. 1890.)

41. RIVOLTA et DELPRATO. L'Ornitojatria. Pisa. 1881.

42. MAZZANTI........ Pneumomycosi in un agnello. Il moderno Zooiatro. II. 1891.

43. GOODALL......... Vétérinary Journal. 1893.

44. BOURNAY........ Revue vétérinaire. Toulouse, 1895.

45. GRAWITZ........ Beitræge zur systematischen Botanik der pflanzlichen Parasiten. (Virchow's Archiv. 1877.)

46. GAFFKY et KOCH.. Mittheilungen ans dem Kaiserl. (Gesundheitsamtes. 1881.)

47. BAUMGARTEN et MÜLLER. Versuche über accommodative Züchtung von Schimmelpilzen. (Berl. Klin. Wochensch. 1882.)

48. KAUFMANN....... Recherches sur l'infection produite par l'Aspergillus glaucus. (Lyon médical, 1882.)

49. LICHTHEIM....... Ueber pathogene Schimmelpilze, die Aspergillus mykosen. Berlin. Kl. Wochensch. 1882.

50. LEBER........... Ueber die Wachsthumsbedingungen der Schimmelpilze im menschlichen und thierischen Körper. Berlin. Kl. Wochensch. 1882.

51. EIDAM........... Cohn's Beiträge zur Biologie der Pflanzen. 1883.

52. SCHÜTZ.......... Mittheil. ans dem Kaiserl. Gesundheitsamte. 1884.

53. RIBBERT......... Ueber den Untergang pathogener Schimmelpilze im Organismus, 59. Versamml. deutscher Naturf. und Aertze zu Berlin. 1886. — Ueber wiederholte Infection mit pathogenen Schimmelpilzen und über die Abschwächung derselben. Deutsche med. Wochensch. 1888.

54. NIPPEN.......... Beiträge zur Schutzimpfung, etc. (Thèse de Bonn. 1888.)

55. OLSEN et GADDE.. Undersogllser ovër Aspergillus subfuscus som pathogen mugsop. Nord. Med. Arkiv. 1886.

56. LINDT........... Mittheilungen über einige neue pathogene Schimmelpilze. Archiv. f. experimen. Pathol. 1886.

57. LICHTHEIM....... Ueber pathogene Mucorineen und die durch sie erzeugten Mykosen des Kaninchens. Zeitschrift für Klin Medicin. 1883.

58. SABRAZÈS........ Pseudo-tubercul. faviques expérimentales. (La Semaine médicale, 1893.)

59. G. ROUX et LINOSSIER. Recherches morphologiques et biologiques sur le champignon du muguet. (Archives de Médecine expérimentale, 1890.)

60. CHARRIN......... L'Oïdium albicans agent pathogène général. (La Semaine médicale, 1895.)

61. Auché et Le Dantec.   Nouvelle Mucédinée pyogène, parasite de l'homme. (Archives de Médecine expérimentale, 1894.)

62. Laulanié.........   Sur quelques affections parasitaires du poumon et leur rapport avec la tuberculose. (Archives de physiologie, 1881.)

63. Frænkel.........   Deutsche med. Wochensch. 1885.

64. Ziegenhorm......   Versuche uber Abschwächung pathogener Schimmelpilze. (Arch. f. experimen. Pathol., 1886.)

65. Hugemeyer......   Ueber Abschwächung pathogener Schimmelpilze. (Thèse de Bonn, 1888.)

66. Rénon...........   De la résistance des spores de l'Aspergillus fumigatus. (La Semaine médicale, février 1895.) — Du processus de curabilité dans la tuberculose aspergillaire. (La Semaine médicale, mars 1895.)

67. Grawitz........   Ueber Schimmelvegetationem im thierischen Organismus. (Virchow's Archiv., 1880.) — Experimentelles zur Infections frage. Berl. Kl. Wochensch. 1881. — Die Anpassungstheorie der Schimmelpilze und die Kritik des kaiserl. Gesundheitsamtes. Berl. Kl. Wochensch. 1881. — Recherches sur la végétation des champignons de moisissures dans l'organisme des animaux. (Revue de médecine, juillet 1882.)

68. Zschokke........   Schweizer-Archiv. f. Thierheilkunde. 1887.

CHAPITRE II.

Observations.

I.

Dans les derniers jours de février 1891, une vache de six ans, pleine de cinq mois, en parfait état, est brusquement atteinte d'une toux sèche qui, n'ayant d'abord lieu que de loin en loin et sans que l'état général en soit influencé, ne tarde pas à devenir moins rare et à s'accompagner d'autres manifestations symptomatologiques.

Vers le 10 mars, en effet, devenue quinteuse et fréquente, cette toux occasionne la diminution de l'appétit, l'irrégularité de la rumination, l'abolition presque complète de la sécrétion lactée et un état de nonchalance marqué.

Les jours qui suivent, tous ces symptômes s'aggravent encore, et le 18 je suis appelé.

Symptômes et marche de la maladie. — A cette époque, l'état général est mauvais. Triste, le poil piqué, amaigrie, la malade ne donne plus de lait, ne rumine pas, mange à peine et est constipée. Fréquemment elle est prise d'une toux quinteuse, sèche, petite, avortée, paraissant douloureuse. A part une certaine sensibilité des parois de la poitrine, la percussion ne révèle rien de bien net. A l'auscultation, par contre, il est facile d'entendre, à droite et à gauche, dans toute l'étendue du poumon, des râles ronflants et sibilants. Il y a enfin quatre-vingt-cinq petites pulsations et 39° 4 de température rectale.

Sous l'influence d'un traitement approprié (applications vésicantes, antimoniaux, iodure de potassium, essence de térébenthine, etc.), il survient assez rapidement une amélioration sensible. La recherche des aliments se manifeste, la rumination réapparaît, ia sécrétion lactée se rétablit, la toux diminue ainsi que les symptômes connexes : bruits anormaux de la poitrine et altération du flanc.

Le 15 avril, tout danger semblant disparu, je cesse mes visites.

Le 20 avril, cette bête, qui paraissait avoir retrouvé son état normal, boude, au repas du soir, sur ses aliments, se tient à bout de longe, triste et la tête basse. Un peu plus tard, elle se montre frissonnante, puis passe la nuit sans se coucher.

Le lendemain 21, l'inappétence persiste et la rumination fait défaut. Dans la journée, survient une hémorragie nasale unilatérale : goutte à goutte et pendant plusieurs heures du sang s'écoule par la narine droite. La tête paraît enflée. Des taches noirâtres, violacées, apparaissent ensuite dans différentes parties du corps, et sont notamment visibles là où la peau est fine et recouverte de poils blancs, au pis, sous le ventre, etc...

Prévenu, je me rends à la ferme, où je suis à sept heures du soir. Je trouve la malade debout, inattentive à ce qui se passe autour d'elle, anxieuse, vacillante et menaçant de choir à chaque instant. Les mouvements respiratoires sont courts et rapides ; les naseaux dilatés et sanguinolents. La percussion montre, que par places, la sonorité de la poitrine a disparu, et là, l'auscultation révèle l'abolition du murmure respiratoire qui, ailleurs, est considérablement exagéré et parfois accompagné de râles ronflants. Le pouls, extrêmement rapide, est petit, imperceptible, impossible à compter. Les battements du cœur, tumultueux, à timbre métallique, sont au nombre de cent trente-six. La température rectale est de 37° 6.

En outre de ces symptômes généraux, il existe des manifestations locales superficielles, irrégulièrement réparties et possédant un aspect particulier. Sur la tête, le tronc, les parties supérieures des membres, sous le ventre, sur les mamelles, sont successivement apparues, en effet, des bosselures d'étendue variée, — larges comme une pièce de cinq francs en argent, comme la paume de la main, comme une assiette, — indolores, de consistance pâteuse, à bords dégradés se fondant insensiblement avec les parties voisines restées normales.

A leur niveau, le revêtement cutané, là surtout où il est fin et souple, peu garni de poils et peu pigmenté, possède une coloration brunâtre, noirâtre ou violacée, plus ou moins intense.

La mort survient dans la nuit du 21 au 22.

Autopsie. — Elle a lieu dans la matinée du 22, et les renseignements qu'elle fournit peuvent être ainsi résumés :

Il y a une lésion unique, généralisée : l'*hémorragie interstitielle*.

Dans les points où, pendant la vie, existaient les bosselures et les taches purpuriques indiquées précédemment, le tissu cellulaire sous-cutané est le siège des suffusions sanguines abondantes et parfois fort étendues en largeur comme en profondeur. Noires, mais rougissant au contact de l'air, elles infiltrent, en effet, d'un côté le derme dans tout ou partie de son épaisseur, et de l'autre les masses musculaires sous-cutanées.

Les masses charnues profondes sont également envahies par le même processus hémorragique.

Le poumon présente çà et là, superficiellement et profondément, des noyaux d'hépatisation hémorragique plus ou moins considérables, dont les plus gros atteignent le volume du poing.

Une large tache sanguine existe sur la plèvre costale gauche, près du diaphragme, et s'étend jusque sur cet organe.

Le cœur est normal ; mais le péricarde contient un bon demi-litre de sérosité rougeâtre.

Le foie, jaunâtre, et les reins, ne paraissent pas touchés ; quant à la rate, de volume normal, elle montre, dans les deux tiers de sa surface, une ecchymose rouge foncé qui colore d'une façon intense le tissu sous-jacent.

Les parois du rumen et surtout de l'intestin grêle sont, par places et dans toute leur épaisseur, vivement congestionnées, noirâtres ; à leur niveau, les matières alimentaires apparaissent teintées en rouge par le sang extravasé.

La matrice est entièrement noire. Le fœtus qu'elle renferme et ses enveloppes, également envahis par le même processus, mais à un moindre degré, ont une coloration rougeâtre. Le liquide amniotique est mélangé de sang.

La vessie n'offre rien d'irrégulier et l'urine qu'elle contient est normale.

Il y a environ un litre et demi ou deux litres de sérosité sanguinolente dans la cavité abdominale, et le péritoine enfin, est, dans plusieurs points de son étendue, très vivement coloré en rouge.

Anatomie pathologique. — Les symptômes bizarres que

j'avais observés chez ma malade le 21 au soir, quelques heures avant sa mort, m'avaient vivement intrigué : aussi, après avoir posé le diagnostic *septicémie hémorragique* que l'autopsie a confirmé et annoncé la mort à bref délai, je m'étais retiré avec l'intention bien arrêtée de procéder à des recherches destinées à déterminer la nature de cette affection que je rencontrais pour la première fois.

Dans ce but, à l'autopsie, j'ensemençai six tubes de gélose, dont deux avec du sang puisé dans l'aorte postérieure et quatre avec de la pulpe pulmonaire et splénique recueillie au niveau de foyers hémorragiques ; en outre, j'aspirai dans des pipettes stérilisées du sang du cœur, et je prélevai plusieurs fragments de poumon, de rate et de tissu musculaire, qui furent plongés dans l'alcool absolu après avoir servi à préparer quelques lamelles destinées à l'examen microscopique.

Trois séries de recherches furent donc entreprises, savoir : examen des liquides et des tissus sur lamelles ; étude anatomo-pathologique faite sur des coupes après durcissement convenable ; cultures.

En voici les résultats :

A. EXAMEN SUR LAMELLES. — 1° *Sang.* — Examiné à l'*état frais* et à un fort grossissement, le sang, dont les hématies sont déformées et crénelées, ne laisse voir aucun élément bactérien ; par contre, il montre, en dehors d'un certain nombre de corpuscules de graisse, des corps sphériques, lisses, brunâtres, peu abondants. Un peu plus petits que les globules sanguins, ces éléments étrangers résistent à l'action de la potasse, de l'ammoniaque et de l'acide sulfurique. Traités par la solution iodée de Gram, ils se colorent franchement en jaune. Ces caractères indiquent qu'ils sont d'origine végétale, et en raison de leur forme ils semblent être des *spores d'une mucédinée.*

Desséché en couche mince, fixé par la chaleur et le mélange à parties égales d'alcool et d'éther, puis coloré par le violet de méthyl et monté dans le baume du Canada, ce même liquide ne laisse remarquer aucun autre élément étranger que ceux susindiqués, qui là, alors, apparaissent colorés en violet foncé. Enfin, des préparations ainsi teintées, traitées par la méthode de Gram ou de Gram-Weigert, montrent ces corpuscules plus ou moins imprégnés de violet, quelques-uns s'étant en partie décolorés, d'autres, au contraire, ayant conservé une couleur violette intense.

2º *Pulpes organiques.* — Des lamelles préparées avec la pulpe pulmonaire, splénique ou musculaire, et traitées par les mêmes méthodes, font voir à leur tour, au milieu d'abondants globules sanguins répartis parmi les cellules organiques, les mêmes corps ronds étrangers distribués en nombre très variable. Ici, assez nombreux, là, au contraire, rares, ils sont surtout fréquents dans les préparations de pulpe pulmonaire, où existent également quelques fragments tubulés assez longs, mais inégaux. Incolores dans les préparations à l'*état frais* et faites sans technique spéciale, bien teintés par le violet de méthyl, dans les préparations *desséchées et colorées*, ces éléments tubulés, que la potasse, l'ammoniaque et l'iode démontrent aussi être d'origine végétale, ressemblent à des fragments de *Mycélium d'un champignon inférieur*.

B. EXAMEN DES COUPES. — Des coupes minces, faites avec le microtome à paraffine et après coloration en masse par le carmin, au travers des morceaux de poumon, de rate et de tissu musculaire recueillis à l'autopsie, puis fixés et durcis par l'alcool, montrent, comme altération essentielle, l'infiltration des éléments normaux des tissus examinés, par de très nombreux globules sanguins extravasés. Peu abondants dans certains points, ils sont ailleurs en masses pressées comblant les alvéoles pulmonaires, masquant les cellules de la rate ou écartant les fibres musculaires. De place en place, parmi ces amas d'hématies, on trouve, isolément ou réunis par petits groupes, les mêmes corps sphériques déjà observés dans les préparations sur lamelles, et qui là, se sont teintés en rouge sous l'action du carmin. Toutefois, seules, les coupes du poumon renferment, nettement visibles, des fragments tubulés.

En dehors de cette infiltration hémorragique, les coupes du poumon laissent voir d'autres altérations. Il existe, en effet, de l'emphysème bien accusé et de la bronchite assez marquée. Un grand nombre d'alvéoles pulmonaires sont distendues, énormes; d'autres, dont les cloisons sont rupturées, communiquent ensemble et forment des cavités irrégulières plus ou moins considérables. Quant aux bronches, elles apparaissent comblées, soit de globules sanguins, soit d'un coagulum fibrillaire et, en outre, privées, partiellement ou complètement, de leur épithélium qui, ailleurs, est simplement soulevé de la muqueuse épaissie.

Traitées par le Gram ou le Gram-Weigert, toutes ces coupes sont encore plus instructives. Ayant bien conservé la couleur violette, les éléments ronds, d'origine végétale, précédemment indiqués, sont, en effet, beaucoup plus visibles, en raison de leur teinte violette tranchant nettement sur le fond rouge des préparations. Irrégulièrement répartis, ils existent, isolés ou réunis en amas, soit dans l'épaisseur des tissus et noyés dans l'exsudat hémorragique, soit dans les vaisseaux où ils sont nombreux, principalement le long des parois. En outre, il est facile de voir dans quelques capillaires, au milieu de caillots fibrineux ou adhérents à la surface libre de l'endothélium, quelques fragments tubulés, qu'on trouve encore fixés dans l'intérieur des alvéoles pulmonaires.

C. CULTURES. — Placés à l'étuve à 37° — 38°, les six tubes de gélose ensemencés à l'autopsie fournissent, le deuxième jour, chacun une quinzaine de petites colonies blanches, duveteuses, qui s'accroissent rapidement et dont le centre prend, au bout de trente-six ou quarante-huit heures, une teinte verdâtre, passant ensuite au vert foncé, puis au noir. Les jours suivants, ces colonies s'étendent, se réunissent et donnent un abondant gazon, noir dans les parties âgées, et successivement vert foncé, vert tendre et blanc, en se rapprochant des parties les plus jeunes. Un peu plus tard encore, ces différences de coloration disparaissent et la teinte devient uniformément noire.

Une petite parcelle de ces cultures, prélevée à l'aide d'un fil de platine stérilisé, puis montée dans la glycérine (*méthode de Crookshank*)[1] et portée sous le microscope, apparaît constituée

---

1. La *méthode de Crookshank* donne d'excellents résultats pour la préparation des moisissures. Voici en quoi elle consiste : on place une petite goutte de glycérine sur une plaque de verre propre, et une goutte d'alcool sur un couvre-objet. Avec une fine paire de pinces, on plonge dans l'alcool une très petite parcelle de la moisissure à examiner, et qu'au besoin on dilacère à l'aide d'aiguilles. On renverse alors le couvre-objet sur la goutte de glycérine, et on maintient la plaque dans la flamme d'une lampe à alcool ou d'un bec de Bunsen, jusqu'à ce qu'il apparaisse des bulles d'air. On chauffe ainsi deux ou trois fois légèrement, on presse un peu sur la lamelle couvre-objet, on laisse refroidir et on lute. La préparation est alors prête à être examinée.

par un mycélium feutré, formé de filaments rampants, cloisonnés, incolores et rameux, d'où partent des filaments dressés, terminés par une tête sphérique recouverte de cellules allongées et chargées de petites spores brunâtres, de 3 à 4 millimètres de diamètre, disposées en chapelet. Il s'agit donc d'une moisissure appartenant au genre *Aspergillus*. Réensemencée dans différents milieux, bouillon de veau, pommes de terre, carottes, gélose glycérinée, sérum de sang de bœuf, etc., cette moisissure donne, à la même température, des cultures toujours identiques, blanches, vert bleuâtre, vert foncé et noires.

Semée sur gélatine portée à 18°, elle pousse en fournissant un mycélium peu abondant, produisant à peine quelques hyphés à fruits, qui deviennent d'autant plus nombreux que la température se rapproche davantage de celle du corps, soit 38°. Il n'y a donc pas là influence du terrain, mais simplement une température insuffisante pour le développement des organes fructifères. A la longue, la gélatine est liquéfiée.

A la température de la chambre, enfin (12°—14°), cette moisissure ne cultive pas, quels que soient les milieux employés.

Ces caractères, coloration, volume des spores, température nécessaire à leur développement, indiquent que ce champignon est l'*Aspergillus fumigatus*.

Complétant les recherches anatomo-pathologiques effectuées sur le sang et les fragments d'organes recueillis, ces cultures me dévoilaient la nature exacte des éléments sphériques et tubulés que j'avais observés dans mes préparations, et que l'emploi de certains réactifs m'avaient indiqué être d'origine végétale. J'avais affaire à des spores et à des fragments de mycélium de l'*Aspergillus fumigatus*, et ma malade avait succombé à une *septicémie hemorragique d'origine mycotique*, paraissant déterminée par la pénétration, dans le système circulatoire, des organes reproducteurs de cette moisissure.

Il est difficile de dire où et comment s'est faite cette pénétration, l'autopsie, en effet, n'ayant révélé aucun foyer mycotique bien développé. Néanmoins, en raison des symptômes observés dans la période qui a précédé l'apparition des hémorragies terminales, il est permis de supposer :

1° Que la bronchite à forme chronique pour laquelle j'ai été appelé au début, était occasionnée par la présence de l'*Aspergillus fumigatus* dans les voies respiratoires, — présence ayant passé inaperçue à l'examen nécroscopique, par suite de recherches incomplètes, et aussi d'une idée préconçue me faisant croire à l'origine microbienne des lésions observées plutôt qu'à toute autre cause, et égarant mes investigations;

2° Que l'envahissement du système sanguin par le parasite, — envahissement dont le résultat a été l'altération des vaisseaux et la production des hémorragies ayant amené la mort. — eut lieu par l'intermédiaire des lésions bronchiques ou pulmonaires développées sous l'action nécrosante du champignon.

II.

Dans les premiers jours de juillet 1891, un fermier m'abandonne cinq jeunes oies très malades et sur le point de mourir. Quatre sont atteintes de l'*ostéo-arthrite infectieuse des jeunes oies* causée par le *Staphylococcus pyogenes aureus* et que j'ai étudiée en 1892[1]. La cinquième, malade depuis une quinzaine de jours, mais dont les articulations sont indemnes de toute lésion, semble anémique au dernier degré et paraît, à première vue, atteinte d'une affection vermineuse.

Les renseignements qui me sont fournis sur elles, comme du reste sur les autres, sont très vagues. On s'apercevait, depuis quelque temps, qu'elle avait de la peine à suivre la bande, qu'elle était souffreteuse, qu'elle mangeait mal, qu'elle maigrissait, et que, assez souvent, elle ouvrait largement le bec et faisait une longue inspiration comme si elle eût étouffé.

Symptômes et marche de la maladie. — Au moment où elle m'est abandonnée, cette oie est d'une maigreur excessive; son plumage terne, hérissé, est sale. Somnolente et se tenant à peine sur les pattes, elle cherche encore à fuir cependant quand on l'approche; mais, après une course de quelques mètres, elle tombe; puis, incapable de se relever, elle se traîne sur le sternum en battant des ailes, et enfin s'arrête épuisée et dans l'impossibilité de

---

1. Ad. Lucet, *De l'ostéo-arthrite aiguë infectieuse chez les jeunes oies.* Ann. de l'Inst. Pasteur, 1892.

faire un nouvel effort. Atteinte de diarrhée fétide, elle a les muqueuses pâles, anémiées. De temps à autre enfin, elle ouvre largement le bec, et fait une longue inspiration assez semblable à celle qui caractérise la présence du *ver rouge* dans la trachée des gallinacés. L'expiration est ronflante.

Entassée avec les autres dans un panier, elle arrive morte chez moi.

Autopsie. — Elle a lieu quelques heures plus tard. La première chose qui frappe à l'ouverture du cadavre, c'est la présence, dans l'intérieur du réservoir aérien diaphragmatique postérieur gauche, d'une énorme touffe d'une moisissure vert foncé, reposant sur la face interne de la paroi postérieure du sac aérien, par une plaque membraneuse, d'un blanc jaunâtre, en godet sur la face adhésive, et qui, à peu près régulièrement circulaire, possède un diamètre de 2 centimètres sur une épaisseur de près de 2 millimètres. Cette touffe est formée d'un mycélium abondant, blanchâtre, partant de la face libre de la base membraneuse, mycélium au milieu duquel se trouvent de nombreux filaments verdâtres, porteurs d'une énorme quantité de spores composant une couche veloutée d'un vert foncé. Deux autres touffes semblables, mais beaucoup plus petites, existent sur les parois des sacs aériens abdominal droit et diaphragmatique antérieur droit. Dans ce dernier réservoir, la base membraneuse de l'îlot mycotique est formée de cercles concentriques et possède une coloration grise.

Les parois abdominales, le mésentère, l'intestin sur sa face externe, sont parsemés de productions membraneuses d'étendue variée, les plus larges atteignant les dimensions d'une pièce de vingt ou cinquante centimes en argent. Fermes, blanches, jaunes, grises ou noirâtres, quelques-unes même différemment teintées du centre à la périphérie, noires là, blanches ou grises ici, elles sont planes, gondolées, en forme de godet dont la partie concave est la face adhérente, ou composées de cercles concentriques. Aucune d'elles n'est pourvue de filaments fructifères dressés.

Le foie, quelque peu hypertrophié, est semé de tubercules fermes au toucher, blanchâtres, dont les plus gros sont du volume d'un petit pois.

Sur la face externe du poumon, sur le diaphragme, sur l'œsophage et dans le tissu cellulaire sous-cutané de la région du cou, existent, irrégulièrement réparties, des productions membraneuses identiques à celles rencontrées dans la cavité abdominale, et comme elles dépourvues de rameaux fructifères.

Le poumon, dans son épaisseur, est infiltré d'un assez grand nombre de granulations de la grosseur d'une tête d'épingle à celle d'un grain de chènevis et même plus, résistantes, blanches ou rosées, au moins à la périphérie.

Les plus grosses bronches sont obstruées par une moisissure arrivée à son complet développement, chargée de spores vertes ou noires, portées par un mycélium verdâtre, reposant sur une base membraneuse, ferme, blanche ou blanc jaunâtre, adhérente à la paroi bronchique qui, de ce fait, a acquis une épaisseur considérable (*Fig. 1*).

Anatomie pathologique. — A. Examen de la moisissure. — Des parcelles des touffes mycotiques trouvées dans les sacs aériens et dans les bronches, montées dans la glycérine suivant la méthode déjà indiquée, et portées sous le microscope, indiquent que cette moisissure appartient au genre *Aspergillus*.

Elle se montre, en effet, composée d'un mycélium donnant des rameaux fructifères dressés, supportant à leur extrémité terminale une tête sporifère sphérique, recouverte de stérigmates chargés de spores en chapelets. Celles-ci sont verdâtres ou brunâtres, régulièrement rondes, unies, lisses et de petite dimension.

Quant aux plaques membraneuses, l'examen microscopique, après leur dilacération à l'aide d'aiguilles et après l'action de la potasse, les fait voir essentiellement constituées par le mycélium enchevêtré, feutré et tassé de la moisissure elle-même.

B. Cultures. — Poussant assez facilement sur les milieux employés en bactériologie, surtout lorsqu'ils offrent une réaction acide, ce champignon fournit à 37° — 38°, sur gélose, sur pomme de terre, sur carotte ou dans du bouillon de veau naturel ou peptonisé, des cultures possédant un aspect semblable à celui que revêt sur les mêmes substances le parasite observé dans le cas précédent.

Le deuxième jour, en effet, il apparaît une couche mycélienne blanche qui, après trente-six ou quarante-huit heures, devient verte dans son centre et parfois prend plus tard une teinte grise, brune ou noire. Du reste, cette coloration finale diffère d'un milieu à un autre. Grise dans la gélose ordinaire, elle est ordinairement noire dans les cultures sur pomme de terre ou sur carotte, et vert bleuâtre dans les milieux sucrés, comme le moût de bière.

La température la plus favorable à son développement oscille autour de 37°. Au-dessous, il devient de moins en moins abondant au fur et à mesure que le calorique diminue, et cesse à la température de l'appartement.

La manière de se comporter de cette moisissure montre, que là encore, il s'agit de l'*Aspergillus fumigatus*.

C. EXAMEN DES LÉSIONS. — La nature intime des altérations observées à l'autopsie diffère un peu, suivant que l'on considère les lésions tuberculiformes existant dans l'épaisseur des tissus, ou les productions membraneuses, recouvertes ou non d'organes fructifères, siégeant dans les bronches, sur le péritoine ou sur la face externe de quelques organes.

Dans ce dernier cas, on trouve, sur les coupes colorées au picrocarminate d'ammoniaque de Ranvier, en procédant du dedans au dehors :

1° Le tissu propre de la muqueuse ou de la séreuse sur laquelle reposent ces productions membraneuses profondément modifié. Revenu à l'état embryonnaire, il est infiltré par un exsudat fibrineux englobant de très nombreuses cellules leucocytiques bien colorées par le carmin. Parfois, cet exsudat fait défaut; il existe alors seulement une abondante couche de leucocytes pressés les uns contre les autres ;

2° Une membrane compacte, mal colorée et jaunâtre dans ses parties centrales où le microscope ne révèle aucune organisation, tellement est feutré le mycélium qui la forme, mais ayant franchement pris le carmin sur ses bords où apparaissent : du côté adhérent au tissu qui la supporte, des fragments mycéliens pénétrant entre les leucocytes; du côté libre, des rameaux mycéliaux plus développés et portant des têtes sporifères chargées de semence, lorsque la coupe a été faite au travers d'une des plaques où le développement du parasite s'est complétement effectué.

Quant aux lésions tuberculiformes, les granulations les plus jeunes sont constituées par une couronne d'éléments lymphoïdes, franchement colorés en rouge, englobant les hyphés mycéliques placés au centre et revêtant l'aspect d'un buisson d'épines. En outre, tout à fait à la périphérie, il existe une zone congestive plus ou moins étendue et d'une teinte jaune rougeâtre.

Les tubercules plus âgés, volumineux, ont l'aspect d'une masse circulaire amorphe ou granuleuse, à bords irréguliers, déchiquetés, frangés, et dans laquelle toute trace du champignon a disparu. Quelquefois, leurs bords seuls sont colorés par le carmin, pendant que le centre a pris une teinte jaune rougeâtre. Les tubercules, en voie de dégénérescence, sont entourés enfin d'une coque de tissu fibreux peu condensé (*fig. 2*).

Parmi ces derniers, il en est dont le centre est formé par une étroite cavité plus ou moins remplie de mycélium bien développé et vigoureux. Il s'agit dans ce cas d'une petite bronche ou d'une alvéole pulmonaire sur les parois de laquelle la moisissure s'est greffée, et dont la production membraneuse qui lui sert de base n'est pas encore arrivée à un développement suffisant pour en obstruer la lumière. D'où la persistance du parasite, auquel il arrive toujours une quantité suffisante d'air pour lui permettre de vivre.

Entre ces degrés extrêmes du développement des granulations mycotiques on trouve tous les états intermédiaires qui caractérisent l'évolution du tubercule; de plus, enfin, il n'est pas rare de voir, dans les points où ces granulations sont rapprochées les unes des autres, des noyaux de pneumonie diminuant encore d'autant la perméabilité du poumon.

III.

Cette troisième observation, relative à une poule faisane entretenue en captivité, et qui me fut expédiée vivante d'Orléans par M. Paul de Ch..., grand amateur de pigeons et d'oiseaux de luxe, est la répétition exacte de la précédente. Je serai donc très bref à son sujet.

A son envoi, mon correspondant, excellent observateur, joignait les renseignements suivants : « Cette faisane a longtemps cohabité avec des pigeons tuberculeux; mangeant peu, triste, somnolente, elle a depuis quelque temps énormément maigri. Bâillant assez fréquemment, elle semble respirer difficilement; ses inspirations sont longues et ses expirations bruyantes. Je la crois tuberculeuse. »

Symptômes et marche de la maladie. — Conservé en cage pendant quelques jours, dans un but d'observation, cet oiseau, d'une maigreur excessive et dont le plumage, terne, est sale, offre comme symptômes : un appétit à peine marqué et capricieux ; une diarrhée jaunâtre, abondante et fétide ; une respiration courte, difficile, parfois striduleuse ; quelques rares accès de toux ; une pâleur très prononcée des muqueuses ; une tendance accentuée à la somnolence et une température rectale inférieure à la normale.

Au bout d'une semaine, je le sacrifie par étouffement.

Autopsie. — Dans la cavité abdominale, il existe sur les parois des réservoirs aériens, quatre touffes d'une moisissure verdâtre, reposant une base membraneuse, ferme, épaisse, plissée ou en godet, de teinte jaunâtre.

Le péritoine et l'intestin présentent une dizaine de petites plaques membraneuses, jaunes, jaunâtres ou blanches, ayant les dimensions d'une grosse lentille, mais privées de mycélium.

Le foie est infiltré de tubercules caséeux dont les plus volumineux atteignent la grosseur d'un petit pois.

La plupart des grosses bronches, à parois très épaissies, sont obstruées par des touffes bien fournies d'une moisissure verte ou grise.

Le poumon, enfin, est envahi par de nombreuses granulations résistantes, blanches ou rosées, du volume d'une grosse tête d'épingle.

Anatomie pathologique. — A. EXAMEN DE LA MOISISSURE. — Des fragments des touffes mycotiques de l'abdomen, montées dans la glycérine, apparaissent au microscope formées par un mycélium cloisonné, incolore, d'où partent des rameaux fructifères renflés en massue à leur extrémité terminale qui est recouverte de basides portant des spores verdâtres disposées en chapelet. C'est donc un *Aspergillus*.

B. CULTURES. — Ensemencé sur gélose, ce parasite se comporte comme celui des observations précédentes. Fournissant à 37° —

38° une couche duveteuse d'abord blanche, puis vert bleuâtre et enfin grisâtre ou noirâtre dans les parties centrales, suivant le milieu de culture, il pousse de moins en moins quand la température s'abaisse et finit par ne plus cultiver au voisinage de 12°.

Tous les milieux lui conviennent; néanmoins, il végète plus abondamment dans ceux dont la réaction est acide. Il liquéfie enfin la gélatine.

Les caractères de ces cultures, ajoutés à ceux que présentent les spores qui, rondes, unies, brunâtres ou verdâtres, possèdent de 3 µ à 4 µ de diamètre, font de ce champignon un *Aspergillus fumigatus*.

C. EXAMEN DES LÉSIONS. — La nature histologique des lésions, tubercules ou plaques membraneuses, étant la même que celle des mêmes altérations décrites précédemment chez l'oie, il est inutile d'y revenir. Toutefois, j'ajoute que malgré sa cohabitation avec des pigeons atteints de tuberculose bacillaire, cette faisane ne montrait aucune lésion, microscopiquement parlant, pouvant être attribuée à cette dernière maladie. Ce fait résulte de nombreux examens pratiqués sur la pulpe des tubercules après l'emploi de la méthode d'Erlich.

IV.

Symptômes et marche de la maladie[1]. Le 8 septembre 1894, une jument de quatre ans, du dépôt de remonte de Beauval, est présentée à l'infirmerie dans un état de prostration extrême et agitée de tremblements musculaires généralisés.

La tête est basse, les naseaux dilatés, souillés d'un jetage sanguinolent, la respiration courte et rapide, le pouls petit, imperceptible, impossible même à compter, les battements du cœur tumultueux, la conjonctive injectée. La peau est couverte de sueur, les extrémités sont froides; le moindre déplacement occasionne des plaintes; les reins sont raides; la miction est difficile, hématurique. Le thermomètre marque 41°.

Le murmure respiratoire a fait place, en de nombreux points, à des râles humides; la sonorité de la poitrine a disparu; cependant,

---

1. Observation de Thary et Lucet.

il n'y a pas, à proprement parler, de matité. Celle-ci apparaît le deuxième jour, mais est circonscrite à des régions irrégulières, très limitées.

Le 9, dans la soirée, la jument succombe, malgré l'emploi d'antiseptiques généraux, de terpine et de révulsifs énergiques.

Autopsie. — Faite immédiatement après la mort, l'autopsie révèle une lésion dominante : *l'hémorragie interstitielle généralisée*, fournissant aux différents organes un aspect original.

Dans la cavité pectorale, la plèvre, le poumon et le cœur sont littéralement couverts de taches hémorragiques de couleur sombre ; on dirait la plèvre pulmonaire salie par des éclaboussures d'encre.

Superficiellement et profondément, le poumon présente, çà et là, des noyaux d'hépatisation hémorragique plus ou moins considérables, dont les plus gros atteignent le volume d'un œuf : les taches correspondantes ont les dimensions d'une pièce de cinq francs.

Dans toute la cavité abdominale on retrouve les suffusions sanguines des plèvres. La muqueuse intestinale n'en est pas exempte. Seul le foie fait exception et semble sain.

Les reins, friables, ont doublé de volume ; grisâtres, ils sont semés de petits points rouges dont les dimensions varient du volume d'une tête d'épingle à celui d'une pièce de cinquante centimes. Le tissu cellulaire qui les entoure est jaune, infiltré, gélatineux. Leur section laisse écouler une grande quantité de liquide sanguin et montre de nombreux infarctus hémorragiques ; en outre, leur tissu est tellement ramolli, qu'il se réduit en une pulpe sanguinolente sous la pression des doigts.

Le sang est incoagulé, noirâtre.

Anatomie pathologique. — A. Cultures. — Douze tubes de gélose sont ensemencés, savoir : six avec de la pulpe rénale, six avec de la pulpe pulmonaire. Placés à l'étuve à 37°, tous fournissent en vingt-quatre ou trente-six heures, à l'exclusion de toute colonie microbienne, d'assez nombreux petits points mycotiques duveteux, blanchâtres, de la grosseur d'une tête d'épingle qui, ensuite, s'étendent et perdent leur teinte blanche pour prendre une coloration verdâtre.

Transportées sur pomme de terre, ces cultures, à la même température, se développent mieux et deviennent plus caractéristiques. En trente-six heures, elles fournissent un abondant duvet blanc sur les bords et bleu verdâtre au centre. Un peu plus tard, tout l'ensemble de la culture prend une teinte verdâtre accusée.

Leur examen microscopique, fait dans une goutte de glycérine, montre qu'il s'agit d'un *Aspergillus* caractérisé par une tête sporifère couverte de stérigmates portant des petites spores brunâtres disposées en chapelets. En outre, la virulence de ces spores pour le lapin, et leur apparition seulement à une température élevée, indiquent que ce champignon est l'*Aspergillus fumigatus*.

B. EXAMEN HISTOLOGIQUE. — En même temps que ces cultures, il est préparé, à l'aide de la pulpe du poumon et des reins, un certain nombre de lamelles destinées à l'examen microscopique.

Celui-ci pratiqué à l'*état sec*, après coloration par le bleu de méthylène, fournit un résultat négatif quant à la présence de microbes. Par contre, il fait voir un certain nombre de petits corps sphériques, assez bien colorés, ayant l'aspect de spores de moisissures, fait qui confirme les cultures.

De plus, sur des lamelles traitées par le Gram-Weigert, ces corps ronds, d'apparence végétale, restent colorés en violet foncé.

Après un durcissement convenable par l'alcool absolu, il est pratiqué dans quelques fragments du poumon et des reins préalablement colorés par le carmin, des coupes minces à l'aide du microtome à paraffine. Celles-ci, montées dans le baume, font voir :

1° Dans le *poumon*, des lésions d'emphysème assez prononcées, caractérisées : par la distension des vésicules pulmonaires qui sont devenues doubles, triples ou quadruples de ce qu'elles sont habituellement; par l'amincissement des parois alvéolaires qui semblent réduites à leur charpente fibreuse, et par la déchirure de quelques-unes d'entre elles.

En outre, par places et sur des points assez étendus, il existe un processus hémorragique accusé. Les vésicules pulmonaires sont remplies de globules rouges serrés les uns contre les autres, mais non déformés; les parois alvéolaires sont en partie masquées par ces exsudats hémorragiques.

Il y a donc dans le poumon deux sortes de lésions : de l'emphysème et des hémorragies interstitielles.

Traitées par le Gram-Weigert, ces coupes laissent voir, au milieu des globules extravasés, les mêmes spores que celles vues dans les préparations sur lamelles. Irrégulièrement réparties par groupes de 2, 3, 4, 10, elles sont bien colorées par le violet de Méthyl.

2° Dans *les reins*, des noyaux plus ou moins volumineux de néphrite parenchymateuse. Situés de-ci, de-là, ces noyaux, de grosseur très inégale, affectent une forme circulaire. Constitués par des amas sphériques de cellules lymphatiques bien colorées, dans les points où les lésions sont récentes, ils sont ailleurs, dans les endroits plus âgés, formés, sur leur périphérie, de leucocytes jeunes franchement teintés par le carmin, et dans leur centre d'aspect caséeux, des mêmes éléments mal colorés et en voie de dégénérescence.

Là où ces lésions existent, les tubes urinifères ont disparu plus ou moins complétement. Entièrement détruits où les lésions ont acquis un certain développement, ils sont simplement infiltrés de cellules du pus dans les points où elles débutent. Il y a une gradation marquée avec l'âge des altérations. Au milieu d'elles, disposées sans ordre, par nombre variable, le Gram-Weigert met en évidence des spores bien colorées par le violet de méthyl.

Nulle part, dans le poumon ou les reins, on ne trouve de mycélium. Aucune méthode également n'y révèle de microbes quels qu'ils soient.

CHAPITRE III.

Recherches expérimentales.

GÉNÉRALITÉS.

A la suite des trois premières observations, recueillies coup sur coup, et des cultures auxquelles elles avaient donné lieu, je me trouvai donc rapidement en possession de *trois spécimens*, de provenance différente, d'une même moisissure, l'*Aspergillus fumigatus*. Cette diversité d'origine m'engagea à rechercher tout d'abord si le passage du parasite dans des organismes dissemblables n'avait pas eu d'action sur son pouvoir pathogène et si la virulence de chacun de mes exemplaires était identique.

Je procédai en conséquence, le 22 août 1891, à des inoculations comparatives.

A six heures du soir, j'inoculai, dans le torrent circulatoire de trois jeunes oies d'une même couvée, et de trois lapins âgés de six mois, d'un poids sensiblement égal, une riche émulsion de spores recueillies de la manière suivante : à l'aide d'une petite spatule de platine préalablement stérilisée, je prélevai dans trois cultures sur pommes de terre, de même âge, de même série, entretenues et conservées à 37° et provenant de la vache, de l'oie et de la poule faisane précédemment indiquées, une dose de semence approximativement égale. Chacun de ces prélèvements fut émulsionné par agitation dans 4 centimètres cubes de bouillon de veau stérilisé, puis inoculé à la dose de 2 centimètres cubes à une oie et à un lapin

Les résultats obtenus différèrent peu.

Le lapin et l'oie, inoculés avec l'*Aspergillus de la vache*, succombèrent : le premier en cinq jours ; l'autre en huit jours.

Avec l'*Aspergillus de l'oie*, la mort survint : pour le lapin, en sept jours ; pour l'oie, en neuf jours.

Quant à l'*Aspergillus du faisan*, il amena la mort du lapin en six jours et celle de l'oie en neuf jours.

Dans chacune des espèces inoculées, les lésions furent identiques, quelle qu'ait été la semence employée. Chez l'*oie*, elles consistèrent en granulations, miliaires pour la plupart, infiltrant uniquement le foie. Chez le *lapin*, elles furent encore constituées par des tubercules, mais alors plus volumineux et répandus un peu partout, dans le foie, dans les reins où ils atteignaient leur maximum de volume, dans le tissu musculaire, dans l'épaisseur des parois intestinales, dans le myocarde, etc...

En outre, des cultures faites dans différents milieux, à l'aide de la pulpe hépatique pour l'oie, et de la substance caséeuse des gros tubercules du rein pour le lapin, fournirent toutes une moisissure semblable à celle dont les spores avaient été inoculées.

De ces premières recherches il ressortait donc un fait assez important, à savoir : c'est que, malgré leur diversité d'origine, mes exemplaires d'*Aspergillus fumigatus* possédaient un pouvoir pathogène égal.

Lorsque, en 1894, j'eus de nouveau l'occasion de rencontrer ce même champignon, d'une part chez le cheval, d'autre part dans des œufs de canard soumis à l'incubation, je procédai encore, avec des cultures récentes de même âge, obtenues sur le même milieu et à la même température, à une nouvelle série d'expériences comparatives.

Le 10 octobre, deux vigoureux lapins adultes reçurent, dans une veine de l'oreille, 2 centimètres cubes de bouillon de veau stérilisé tenant en suspension une énorme quantité de spores fournies par l'*Aspergillus du cheval*; d'un autre côté, deux autres lapins de la même portée et d'un poids sensiblement égal, furent inoculés dans les mêmes conditions, avec de la semence de l'*Aspergillus des œufs*.

Les résultats furent identiques. Tous mes animaux moururent dans un délai de quatre à six jours, avec des lésions mycotiques accentuées du foie et des reins, lésions qui, à l'ensemencement, reproduisirent la moisissure inoculée.

Enfin, le 30 octobre 1894, toujours au même titre, j'introduisis, dans le système veineux de trois autres lapins de même âge, une

dose approximativement égale de spores d'*Aspergillus fumigatus*
provenant : 1° d'une culture dans le liquide de Raulin obtenue
avec l'*Aspergillus des œufs*, datant de quinze jours et entretenue
tout ce temps à une température de 45°; 2° d'une culture sur
pomme de terre fournie par l'*Aspergillus du cheval*, âgée d'un
mois, et maintenue, depuis son origine, dans une étuve chauffée
à 30°; 3° d'une autre culture sur pomme de terre datant du mois
de décembre 1891, provenant de l'*Aspergillus de l'oie* et conservée
à la température du laboratoire.

Dans ces conditions encore, la mort de mes inoculés survint
dans le même temps, avec des lésions identiques, reproduisant
toutes, par culture en milieu artificiel, l'*Aspergillus fumigatus*.

Dans toutes ces expériences, je ne m'étais servi jusqu'alors que
d'exemplaires qui, bien que d'origine différente, n'en avaient pas
moins tous passé par l'organisme animal et pouvaient, de ce fait,
avoir acquis des propriétés virulentes. Il y avait donc lieu de rechercher si ce champignon récolté sur des matières végétales où il
pousse ordinairement, possédait les mêmes propriétés. Aussi, dans
le courant de l'été 1895, j'essayai de le recueillir sur des plantes
couramment cultivées, telles que le blé, l'orge, le seigle, l'avoine, etc.
Ainsi qu'on le verra plus loin, cela me fut facile.

Le 25 juillet 1895, j'inoculai alors, dans une veine de l'oreille,
deux lapins âgés de cinq mois, savoir : l'un, avec une culture sur
pomme de terre fournie par l'*Aspergillus du cheval* et âgée de
quatre mois; l'autre, avec une culture datant du 1er juillet et obtenue par l'ensemencement, dans le liquide de Raulin, de *spores
recueillies sur une feuille d'orge moisie* prélevée, avec d'autres,
dans une récolte encore sur pied. Tous deux moururent le sixième
jour et présentèrent des lésions du foie et des reins, lésions que
l'examen microscopique montra identiques, et que des cultures en
milieu artificiel indiquèrent avoir été causées par le même parasite, l'*Aspergillus fumigatus*.

Cette constance des résultats obtenus dans toutes les expériences comparatives précitées, faites successivement avec une semence
variée, récoltée au hasard, indiquait donc déjà, non seulement que
l'origine animale ou végétale de l'*Aspergillus fumigatus* n'était
pour rien dans son action pathogène, mais encore que celle-ci

inhérente au champignon lui-même, était susceptible de se conserver pendant fort longtemps.

En même temps que je poursuivais, par à-coups et au hasard des rencontres, les recherches dont on vient de voir les résultats, j'abordais l'étude biologique et expérimentale de ce parasite. J'étudiais ses caractères et la façon dont il se comporte dans des milieux de culture naturels et artificiels, sa résistance aux causes de destruction spontanées ou provoquées, son action pathogène chez différents animaux, et je recherchais la fréquence de son existence dans les matières servant à l'alimentation ordinaire des animaux et les moyens à opposer aux affections qu'il provoque.

Ce troisième chapitre comprend donc plusieurs paragraphes.

§ 1.

Caractères de l'Aspergillus fumigatus. — Cultures. Action de quelques substances.

En mycologie, l'*Aspergillus fumigatus*, Frésénius, est actuellement rangé dans la classe des *Mucédinées*, ordre des *Ascomycètes*, famille des *Périsporiacées*, genre *Aspergillus* de Micheli. Costantin (*in loc. cit.*) le place encore dans le premier groupe de ses *Mucédinées simples*, lesquelles comprennent tous les « champignons *filamenteux* se développant à la *surface* des matières vivantes ou inanimées et produisant des *spores externes.* »

Formant sur les substances où il vit, des touffes verdâtres, bleuâtres ou grises suivant la nature de ces substances, il est essentiellement constitué, à l'*état adulte*, par un *mycélium* plus ou moins fourni, composé de filaments rampants, rameux, à parois minces et transparentes, inégalement cloisonnés et incolores. Ces filaments produisent à la surface du substratum une couche feutrée, compacte, unie ou plissée, blanche, jaunâtre ou grisâtre, le *thalle*, au-dessus de laquelle s'en étend une autre plus lâche, en forme de duvet, ou *Mycélium aérien*. De celui-ci, partent des *rameaux fertiles*, dressés, non cloisonnés, incolores ou légèrement verdâtres ou brunâtres, renflés à leur sommet en une sphère entièrement couverte de cellules allongées et pointues vers l'extérieur, les *Stérigmates* ou *basides*, portant chacune un chapelet de *spores* ou *conidies*. Ces dernières, rondes, rarement ovales, sont lisses, unies, pâles et sans couleur, ou légèrement verdâtres ou brunâtres, et possèdent 2 μ 5 à 3 μ 5 de diamètre.

Doué d'une grande puissance de végétation, il se développe dans les milieux les plus variés, naturels ou artificiels, d'origine animale ou végétale, solides ou liquides, neutres, alcalins ou acides. Toutefois, il en est qui lui conviennent plus particulièrement, notamment ceux qui sont légèrement acides ou sucrés. Ensemencé dans ceux-ci, il pousse rapidement si les cultures sont bien aérées et soumises à une température convenable, et cette particularité, jointe au grand volume de ses spores qui en rend l'observation facile, permet de suivre pas à pas son évolution.

Si on sème quelques spores dans le liquide minéral et acide de Raulin ou dans le moût de bière, placé en gouttes pendantes maintenues à la température du corps sur une platine chauffante, — technique permettant de faire des examens répétés sur un même point de la préparation, — on les voit, au bout de quelques heures, doubler ou tripler de volume et devenir granuleuses. Après six à sept heures, elles donnent naissance à un *bourgeon* qui, peu à peu, s'allonge en forme de doigt de gant, puis à un second se développant dans une direction diamétralement opposée, ou formant avec le premier un angle plus ou moins ouvert. Un peu plus tard, ces prolongements, tout en augmentant de longueur, fournissent latéralement de nouveaux bourgeons qui, à leur tour, s'allongent et donnent aussi des ramifications : c'est l'ébauche du *Mycélium*, lequel, continuant à se développer, produit sans interruption, d'une façon alterne, des filaments plus jeunes. Au bout de quinze à dix-huit heures, le mycélium, nettement visible à l'œil nu, sous forme de duvet blanchâtre, début du *thalle*, est constitué par des filaments cloisonnés entrelacés. Les *hyphes* se dressent alors perpendiculairement à l'axe principal, émergent du liquide nourricier (*mycélium aérien*), puis se renflent en massue à leur extrémité terminale qui va devenir une *tête sporifère* affectant une forme d'ampoule arrondie ou sphérique. Sur les deux tiers supérieurs de celle-ci, apparaissent ensuite les *stérigmates*, produisant en dernier lieu chacun un chapelet de *spores* nombreuses que le moindre choc suffit à disperser (*fig. 3*).

Cet état adulte du champignon peut être obtenu en vingt-quatre heures; mais si les conditions de milieu, de température ou d'aération sont moins favorables, il s'obtient beaucoup plus lentement, et ce n'est parfois qu'au bout de cinq à six jours qu'apparaissent les organes fructifères et les conidies. Celles-ci même peuvent ne pas se développer. Le mycélium alors est grêle, les têtes sporifères manquent, ou si elles existent, sont petites, sans stérigmates, ou munies seulement de quelques-uns de ces organes chétifs et atrophiés. Malgré cela, l'*Aspergillus* n'a pas perdu son pouvoir végétatif, et si les conditions s'améliorent, il a tôt fait de recouvrer son aspect normal, même après plusieurs mois de séjour dans ces milieux mal appropriés.

La température la plus favorable à son développement est voisine de celle du corps. C'est, en effet, à $37^{\circ}-38^{\circ}$, qu'il pousse le mieux. Au-dessous, les cultures sont d'autant moins abondantes que le calorique diminue davantage, et c'est à peine si, à 20°, on arrive à avoir quelques têtes sporifères bien développées et vigoureuses. A $17^{\circ}-18^{\circ}$, elles n'apparaissent pas, et les cultures sont impossibles au-dessous de 15°.

L'action des températures élevées sur le développement de l'*Aspergillus fumigatus* est proportionnellement moins sensible. A 40°, en effet, les cultures sont encore très abondantes; un peu moins accusées à 45°, elles ont encore lieu à 50° et restent seulement stériles au voisinage de 55°. Toutefois, Rénon dit avoir obtenu des cultures à 60°. Mais à l'encontre de ce qui se passe avec l'emploi des basses températures, dans ces cultures à haute température, si peu touffues qu'elles soient, les conidies apparaissent jusqu'aux extrêmes limites de végétabilité du champignon, tandis que, avec les basses températures, la production des organes fructifères cesse bien avant que le développement du mycélium soit arrêté.

L'aération des milieux ensemencés joue aussi un rôle important au point de vue de la récolte. Essentiellement aérobie, l'*Aspergillus fumigatus* exige en effet, pour arriver à maturité, le renouvellement incessant de la couche d'air qui l'enveloppe; aussi son développement marche-t-il d'autant plus vite et ses cultures sont-elles d'autant plus fournies que les substances nutritives sur lesquelles il est entretenu sont mieux aérées. Il est facile de s'en rendre compte à l'aide de cultures comparatives ayant lieu, d'une part, dans des ballons étroits et à capuchon de verre rodé de Pasteur; d'autre part, dans des flacons à large goulot d'Erlenmeyer, simplement bouchés à l'ouate. Elles sont, à âge égal, beaucoup plus belles et plus abondantes ici que là. La même constatation peut encore être faite avec des cultures en tubes d'essai recouverts : les uns, d'une simple enveloppe de papier buvard non serrée; les autres, d'un capuchon de caoutchouc un peu étroit. Dans le premier cas, le champignon acquiert vite son maximum de développement: dans le second, au contraire, il végète et n'arrive que lentement à maturité ou même n'y arrive pas du tout.

Malgré ce besoin d'oxygène, l'*Aspergillus fumigatus* parvient néanmoins à produire un mycélium encore abondant dans les cultures faites dans le vide, pour peu que la substance nutritive lui convienne. J'ai pu, en effet, très facilement et très couramment obtenir une belle couche duveteuse blanche à la surface de gélose ordinaire et alcaline, renfermée dans des tubes où, après refroidissement du substratum, le vide était fait à l'aide de la trompe à eau et du passage plusieurs fois répété du gaz d'éclairage. Le même résultat m'a encore été fourni par l'ensemencement de milieux liquides privés d'air par le même moyen combiné au chauffage, à l'effet de chasser du substratum l'oxygène pouvant y être dissous. Si l'on m'objecte que ces cultures n'ont été obtenues que parce que le vide ainsi pratiqué était incomplet par suite d'un défaut dans les manipulations, je répondrai que cependant il était assez parfait pour permettre au microbe du tétanos, pourtant essentiellement anaérobie, de végéter et de cultiver abondamment dans des milieux ainsi traités et ensemencés comparativement.

Mais dans ces cas le champignon ne se développe qu'imparfaitement, et toujours, il ne fournit qu'une couche mycélienne duveteuse et d'un beau blanc. Examinée au microscope, celle-ci se montre constituée par des filaments grêles, au milieu desquels existent quelques rares têtes sporifères avortées, petites, sans stérigmates et par conséquent sans spores, ou bien munies de quelques basides minces et chétives (*fig. 4*).

Le végétal ainsi obtenu peut rester longtemps vivace, même à la température de l'étuve. Faute de matériaux, son développement s'est simplement arrêté sans qu'il en souffre outre mesure:

la meilleure preuve c'est que, si au bout de plusieurs mois on rétablit dans ces cultures la communication avec l'air extérieur, il reprend sa vie interrompue et fournit en quelques jours une ample moisson de spores tout aussi résistantes que si rien n'était venu entraver leur production.

Du reste, ce fait est en concordance avec ce qui se passe dans l'organisme où l'on voit les spores injectées produire un mycélium dans les organes les moins aérés; — mycélium qui, même au bout d'un temps assez long, peut donner une très belle culture après la mort de l'animal, si le fragment d'organe qui le contient est mis dans des conditions de chaleur, d'humidité et d'aération convenables.

Mais bien que se développant facilement dans les milieux privés d'air, où il fournit des cultures encore touffues quoique incomplètes, puisque les organes fructifères manquent, l'*Aspergillus fumigatus* pousse très difficilement dans l'épaisseur des substratums solides, tels que la gélose, si aérés soient-ils. Des milieux de cette nature, rendus liquides par un léger chauffage et ensemencés en cet état avec une abondante quantité de spores réparties, par agitation, dans toute la masse du substratum, donnent rarement lieu à des cultures *intra substantiam*, quelles que soient les conditions d'aération; et le plus ordinairement dans ces cas, seules, les spores ayant échoué dans les couches superficielles de la substance nourricière se développent.

Par contre, dans les liquides, l'*Aspergillus fumigatus* pousse facilement au sein du milieu de culture. Au bout de un ou deux jours, on voit alors, nageant dans le substratum, de petites houppes soyeuses, blanches, sphériques et à filaments convergeant vers un centre commun. Gardant indéfiniment leurs caractères primitifs si elles sont maintenues dans l'épaisseur du milieu nourricier, ces houppes mycotiques s'étalent et donnent rapidement des spores si elles arrivent à gagner la surface des cultures, en vertu du mouvement ascensionnel lent, mais continu, dont elles sont animées.

Les milieux nutritifs dans lesquels cultive l'*Aspergillus fumigatus*, peuvent être divisés en trois catégories : la première, comprenant ceux dans lesquels la végétation reste médiocre; la seconde, ceux où il pousse bien; enfin, la dernière, ceux où ses cultures sont luxuriantes.

Le premier groupe renferme les substratums alcalins ordinairement employés en bactériologie : bouillon de viande ordinaire ou peptonisé, gélose, sérum du sang, etc...

Au second groupe appartiennent les milieux d'origine végétale : pomme de terre, carotte, betterave, jus de légumes, pain, etc...

Dans le dernier rentrent toutes les substances légèrement acides et sucrées : moût de bière, liquide de Raulin, milieux glycérinés et glucosés, etc...

Sur le *sérum de sang de bœuf* et sur l'*albumine de l'œuf*, il ne fournit jamais que des cultures peu abondantes où le mycélium aérien émerge à peine à la surface du substratum. Son aspect général est grisâtre, et le thalle, mince, revêt ordinairement, à sa face adhérente, une coloration rougeâtre.

Dans le *bouillon peptonisé*, le thalle est plus épais : d'abord blanc et régulièrement étalé à la surface du liquide nourricier, il devient en vieillissant grisâtre ou noirâtre, puis se plisse. Le mycélium aérien est plus long, plus abondant. Blanc dans les premiers jours, il verdit peu à peu, en même temps que les parties les plus âgées se recouvrent d'une fine poussière grise, constituée par les spores qui donnent à la culture un aspect velouté spécial. En trois à quatre jours, le champignon a atteint son complet développement.

La *gélose ordinaire* est peu favorable au développement de l'*Aspergillus fumigatus*, et ce n'est guère que vers le troisième jours qu'apparaissent, dans ce milieu, les spores formant une couche verte d'abord, puis grise ou noire. Le thalle est mince et le mycélium aérien court. Pourtant, quelquefois on obtient, sur cette substance, des cultures assez fournies dans lesquelles le mycélium aérien est plus long, plus duveteux, et la plaque mycélienne basale plus épaisse et plissée.

Ensemencé sur *gélatine ordinaire*, portée à 22°, où il pousse peu, le mycélium ne se montre pas avant deux ou trois jours et les spores n'apparaissent qu'après une semaine ou deux. Noires, elles ne sont jamais bien abondantes. Peu à peu, la gélatine se liquéfie, et au bout d'un mois environ elle a complètement perdu son aspect solide.

Cultivé sur des *substances végétales* quelles qu'elles soient, pomme de terre, carotte, betterave, pain, etc.... il donne des cultures abondantes et atteint rapidement son maximum de développement. Déjà, après dix à douze heures de séjour à l'étuve, le mycélium est apparent. Formant un gazon blanc de neige, il affecte plus tard un aspect identique à celui du duvet. Au bout de vingt-quatre heures, et souvent plus tôt encore, les parties centrales deviennent verdâtres. Après quarante-huit heures, toute la culture est d'un vert foncé. Parfois, sur la carotte, la teinte est un peu plus grise ; dans quelques cas même (carotte rouge), elle est d'un gris légèrement rougeâtre. En quatre ou cinq jours enfin, toutes les faces libres du milieu nutritif sont envahies par le champignon dont le thalle a acquis une grande épaisseur.

Dans les milieux *sucrés et acides,* moût de bière, gélose au moût de bière, liquide de Raulin, gélose à ce même liquide, substratums glycérinés, glycosés, etc., le développement de l'*Aspergillus fumigatus* se fait avec une rapidité remarquable. En quelques heures, le mycélium apparaît sous forme de gazon ou de duvet épais d'un beau blanc. A la fin du premier jour, la teinte verdâtre est déjà visible dans les parties centrales. Rapidement ensuite, elle s'étend, se fonce, puis devient noirâtre ou vert sale, et, en trois ou quatre jours au maximum, les cultures ont revêtu leur teinte définitive. Celle-ci diffère un peu suivant les milieux : noire ou brun noirâtre dans les substratums à base de liquide de Raulin, elle est vert foncé ou vert sale dans les autres. Toujours le thalle est extrêmement épais, plissé, et souvent il prend, à sa face inférieure, une coloration rougeâtre qui envahit également la substance nutritive, surtout si elle est liquide.

Dans toutes ces substances, quelles que soient l'abondance de ses cultures et la rapidité de son développement, l'*Aspergillus fumigatus,* du moment qu'il arrive à fournir des spores, garde, d'une part, sa forme typique ; d'autre part, son pouvoir végétatif, sa résistance aux moyens de destruction et sa virulence. En dehors de l'influence qu'ils possèdent sur l'abondance de la récolte par leurs qualités nutritives variables, tous ces substratums n'ont, en effet, d'action que sur la production de la matière colorante imprégnant les organes fructifères du champignon, dont les autres caractères sont stables, quelle que soit sa provenance. Ce fait résulte de l'ensemble des recherches dont il a été l'objet en vue du présent mémoire : étude du développement des spores à l'aide de la platine chauffante; de leur résistance aux causes de destruction; de leur action pathogène; examens microscopiques répétés et mensurations nombreuses des parties constituantes du végétal adulte, etc.

Les milieux dans lesquels il pousse conservent leur réaction primordiale s'ils sont alcalins: mais s'ils sont acides, ils deviennent assez rapidement franchement neutres et parfois alcalins. Ainsi, une culture faite dans le liquide de Raulin qui normalement possède une acidité marquée, donne au bout de six à huit jours une réaction neutre bien caractérisée.

En outre, ils subissent quelques transformations moléculaires qui changent leur composition intime. Le 18 juillet 1895, je sème dans 300 centimètres cubes de liquide de Raulin une forte dose de spores d'*Aspergillus fumigatus*. Cette culture reste à l'étuve jusqu'au 12 août suivant, époque à laquelle elle donne : 1° une récolte de 36 grammes (poids du champignon à l'état humide); 2° un résidu de culture liquide de 225 centimètres cubes, transparent, jaune rougeâtre. Celui-ci, analysé par M. Sinard, ancien interne des hôpitaux, pharmacien à Courtenay, fournit les résultats suivants :

Réaction......................	Neutre au tournesol.
Glucose......................	Néant.
Saccharose......................	Néant.
Acide tartrique......................	Existe.
Ammoniaque......................	Existe.
Acide phosphorique (phosphate).	Existe.
Acide carbonique (carbonates)...	Néant.
Acide sulfurique (sulfates).......	Existe.
Fer......................	Existe.
Zinc......................	Existe.
Acide azotique (nitrate).........	Néant.

Bien qu'incomplète, cette analyse montre néanmoins que le liquide résiduel des cultures a subi des modifications. Elle fait voir

que pour se développer, le champignon a utilisé une certaine
quantité d'eau, difficilement appréciable en raison de la part qu'il
faut faire à l'évaporation ; la totalité du sucre, soit 14 grammes,
et les acides carbonique et azotique, des carbonates de potasse et
de magnésie et du nitrate d'ammoniaque. De plus, elle indique
qu'il a changé la réaction et la coloration du milieu qui, d'acide
est devenu neutre, et d'incolore, jaune rougeâtre, par la production d'une matière tinctoriale indéterminée qui précipite par l'alcool et est soluble dans l'eau.

Ces transformations des milieux de culture sous l'action de
l'*Aspergillus fumigatus* ont pour premier résultat : d'amener
l'appauvrissement de leurs propriétés nutritives, et cette infertilité
acquise est facilement mise en évidence par des cultures successives faites dans un substratum ayant déjà fourni une ou plusieurs récoltes. Si, en effet, dans le liquide résiduel filtré d'une
culture en milieu liquide, moût de bière ou liquide de Raulin,
on sème à nouveau un certain nombre de spores, on les voit
pousser moins vite et donner une récolte moins abondante ; et
si cette opération est plusieurs fois répétée, les cultures deviennent de plus en plus faibles et chétives et finissent même par ne
plus avoir lieu.

Mais là ne se borne pas seulement l'action du champignon. En
même temps, en effet, qu'il appauvrit le terrain de culture en
s'appropriant certains principes nécessaires à son développement,
il en transforme d'autres et donne naissance à des produits nouveaux, indéterminés, qui augmentent encore l'infertilité du milieu
nutritif et lui communiquent en outre une action pyrétogène assez
marquée. Ce fait découle des expériences suivantes :

Expérience I. — Le 14 août 1883, à l'aide d'un filtre en porce-
laine dégourdie, je filtre le liquide rougeâtre laissé par une culture
dans le moût de bière, âgé de deux mois et ayant séjourné tout
ce temps à 37°. A dix heures du matin, 4 centimètres cubes du
liquide ainsi obtenu sont injectés dans le torrent circulatoire d'un
fort et vigoureux lapin d'un an, dont la température rectale, au
moment de l'injection, est de 38°7. A deux heures du soir, elle est
de 39°5 ; de 39°8, à quatre heures ; de 40°3, à six heures ; de 40°6°
à huit heures ; de 40°, à dix heures ; de 39°7, à minuit ; de 39°5, le
lendemain matin à neuf heures, et enfin de 39° à midi.

Expérience II. — Le 29 juin 1895, une culture dans le liquide de Raulin, âgée d'un mois et ayant le même temps de séjour à l'étuve à 39°, est filtrée à l'aide de l'appareil de Kitasato. A l'aide du produit obtenu, deux lapins de taille moyenne, en excellente santé, sont inoculés. L'un en reçoit 2 centimètres cubes dans une veine de l'oreille; l'autre, une quantité égale dans le tissu conjonctif sous-cutané. Or, le premier de ces sujets, dont la température rectale était de 38° au moment de l'injection, à neuf heures du matin, donne successivement, dans le courant de la journée, des températures de 38°7, de 39°, de 39°3 et de 38°6. Chez l'autre, dont la température initiale était de 38°1, je constate dans le même temps les variations suivantes : à une heure du soir, 38°7; à trois heures, 39°5; à six heures, 39°; à neuf heures 38°5.

Ces résultats semblent en contradiction avec ceux obtenus par *Kotliar* [1], qui, d'une série de recherches faites sur les pigeons, conclut que l'*Aspergillus fumigatus* « *ne donne pas de toxines dans les milieux dans lesquels on le cultive ordinairement* », parce que ses sujets d'expérience ne mouraient pas sous l'influence d'une injection des liquides résiduels de ses cultures. Or, ce fait n'est pas une preuve suffisante pour une telle affirmation. Si sensible, en effet, que soit le pigeon, à l'action de l'*Aspergillus fumigatus*, il se peut que les toxines auxquelles donne naissance la culture de cette mucédinée soient insuffisantes, à elles seules, pour provoquer la mort d'un de ces oiseaux à qui on les injecte, et que cependant elles existent et soient capables de déterminer un malaise passager, accusé seulement par des variations thermométriques. C'est ce que démontrent les expériences précitées, en même temps qu'elles indiquent que la divergence des résultats porte seulement sur un degré d'activité, divergence par conséquent plus apparente que réelle.

On a vu précédemment que l'*Aspergillus fumigatus* est susceptible de se développer dans un grand nombre de substances nutritives, placées dans des conditions très variables d'aération et de température, et est par conséquent peu délicat. Or, l'addition, à

____

1. Kotliar. *Contribution à l'étude de la pseudo-tuberculose Aspergillaire.* (*Annales de l'Institut Pasteur*, 1891.)

quelques-uns de ces milieux de culture, de produits chimiques variés, sels métalliques ou autres, acides minéraux, etc., indique aussi qu'il s'accommode parfaitement de substratums dans lesquels existent, en dissolution ou en suspension, à dose assez forte, des corps chimiques actifs, fait déjà rapporté par Rénon.

Il pousse, en effet, assez bien et donne des spores dans du bouillon de bœuf peptonisé glycosé, contenant 1 gr. 60 pour 100 de chlorure de zinc, de terpine, de sulfate de zinc, d'oxyde de zinc, d'émétique, de salicylate de soude et d'oxysulfure d'antimoine. Pourtant, une même quantité de sulfate de fer entrave notablement son développement et empêche la formation des spores, et une dose égale d'acide sulfurique, d'acide chlorhydrique, d'acide azotique, d'acide phénique, d'acide borique, de calomel, de sulfate de cuivre et de crésyl Jeyes, ajoutée au même milieu, s'oppose à toute culture. Pour quelques-uns de ces derniers corps, une quantité moindre suffit même, le plus souvent, pour arrêter la germination des spores.

L'iodure de potassium arrête la fructification d'une culture dans le moût de bière à la dose de 1 2 pour 100; mais pour rendre ce substratum stérile, il faut lui ajouter jusqu'à 3 gr. 50 pour 100 de ce sel.

Des résultats plus importants sont obtenus par l'emploi de la liqueur de Fowler et de la teinture d'iode. Toute culture est, en effet, impossible dans du bouillon de choux ou dans du bouillon de bœuf acide et peptonisé, si on introduit dans ces bouillons 20 centimètres cubes pour 100 de liqueur de Fowler, soit 0 gr. 20 d'acide arsénieux et 0 gr. 20 de carbonate de potasse, ou 2 centimètres cubes de teinture d'iode, soit 0 gr. 16 d'iode.

Ces faits sont intéressants au point de vue thérapeutique.

§ 2.

Résistance des spores. — De leur fréquence parmi les aliments.

La résistance des spores de l'*Aspergillus fumigatus* est énorme, et les agents atmosphériques, chaleur, lumière, humidité, sécheresse, ont peu de prise sur elles.

J'ai pu, en effet, obtenir des cultures dans le liquide de Raulin avec des conidies :

1º Provenant de vieilles cultures sur pomme de terre exposées à la lumière et à la température de la chambre pendant vingt-neuf mois;

2° Conservées à l'état sec sur des fragments de papier buvard pendant vingt-quatre mois;

3° Prélevées dans des cultures sur pomme de terre laissées à l'étuve à 37° pendant dix mois;

4° Fixées sur du papier buvard et soumises, à la température du laboratoire, pendant quatre mois et à huit reprises différentes, à des alternatives de sécheresse et d'humidité;

5° Conservées dans de la glycérine neutre pendant quinze mois;

6° Fixées sur du papier buvard et placées pendant deux mois dans un bloc de glace;

7° Soumises pendant huit heures à une température sèche de 65°, et pendant neuf heures à la même température humide;

8° Soumises pendant une heure à une température sèche de 80°-85°, et pendant le même temps à une température humide allant de 75° à 80°;

9° Conservées dans du bouillon de veau alcalin renfermé dans des tubes scellés et placés pendant six mois à une température de 12°;

10° Prélevées au bout d'un an dans des œufs où elles s'étaient développées pendant l'incubation;

11° Ayant enfin séjourné pendant un mois au milieu de substances animales en putréfaction.

Dans toutes les conditions ci-dessus énumérées, les spores ensemencées se développent aussi vite et fournissent des cultures aussi abondantes que si elles étaient d'origine récente ou conservées dans des conditions normales. En outre, les cultures ainsi obtenues possèdent une virulence égale. Du reste, les spores elles-mêmes, traitées comme il vient d'être dit et inoculées directement dans le torrent circulatoire de lapins, sans avoir recours à de nouvelles cultures, se montrent pathogènes à un degré aussi élevé que des spores jeunes et n'ayant subi aucune action susceptible de modifier leur vitalité ou leur violence.

De ces recherches, il résulte donc un premier fait : c'est l'énorme résistance que possèdent les spores de l'*Aspergillus fumigatus* vis-à-vis des causes de destruction naturelles. De plus, elles démontrent aussi que ces spores, du moment qu'elles conservent leur pouvoir végétatif, gardent intacte leur puissance pathogène, assertion déjà indiquée par les recherches antérieurement citées.

Ces qualités, inhérentes à l'*Aspergillus fumigatus*, sont encore mises en évidence par les expériences suivantes, relatives à l'action de certains agents chimiques sur les spores de ce champignon.

Expériences. — Au mois de mars 1895, je prélève dans une culture sur pomme de terre, âgée de deux mois, une quantité de spores qui sont, par agitation, intimement mélangées dans 4 centimètres cubes d'eau distillée stérilisée. Cette émulsion sert à charger de spores des fils de grosse soie blanche. Ceux-ci, coupés en fragments de 1 centimètre de longueur, sont, après dessiccation sur papier buvard et à air libre, plongés pendant douze heures dans des solutions à 5 pour 100 d'acide sulfurique, d'acide chlorhydrique, d'acide azotique, d'acide phénique, d'acide borique, de sulfate de cuivre, de sulfate de zinc, de sulfate de fer, de chlorure de zinc, de nitrate d'argent, de bi et protochlorure de mercure, et enfin de crésyl Jeyes.

Desséchés de nouveau après leur séjour dans ces substances, ces fils, imprégnés de spores, sont ensuite immergés dans des ballons contenant une certaine quantité de bouillon de bœuf acide et sucré, puis placés à l'étuve à 37°. Or, seules les spores ayant subi l'action des acides sulfurique, azotique et phénique, du sublimé, du sulfate et du chlorure de zinc et du nitrate d'argent, ont perdu leur pouvoir germinatif, tandis que les autres donnent toutes, dans un court délai, des cultures abondantes, à virulence aussi active que celle de cultures obtenues avec des spores jeunes et entretenues comme témoins.

Mais, outre ces faits, il en est encore d'autres qui démontrent combien ces spores sont résistantes.

Expérience I. — Le 15 janvier 1895, à l'aide d'un bistouri, je décolle, sur une certaine étendue, la peau du dos d'un vigoureux lapin, et dans la poche sous-cutanée ainsi formée, j'introduis une très forte quantité de spores recueillies dans une culture jeune sur carotte. La plaie est ensuite fermée à l'aide du crin de Florence et obturée complètement avec du collodion iodoformé. Au point d'inoculation, il se forme lentement une collection purulente, de la grosseur d'une petite noix, bien délimitée, douloureuse, mais sans retentissement sur l'état général. Le 20 mars suivant, cet abcès, qui affecte une forme chronique et n'a aucune tendance à aboutir seul, est ouvert d'un coup de bistouri. Il donne alors issue à du pus épais, crémeux, sans odeur, jaunâtre et zébré de traînées noirâtres que le microscope montre composées par des accumulations de spores ou de têtes sporifères inoculées antérieurement, existant encore et n'ayant subi aucune altération physique. En présence de cette constatation, il était intéressant de rechercher si ces éléments reproducteurs, qui avaient conservé leur aspect ordinaire, avaient aussi gardé leurs propriétés végétatives. Dans ce but, une petite parcelle de pus est ensemencée dans du liquide Raulin. Celui-ci, placé à l'étuve à 38°, fournit, en trois jours, une abondante culture très vivace et virulente.

Expérience II. — Le 3 août 1895, je pulvérise une vieille culture sur pomme de terre, très riche en spores, et la donne, mélangée à du son, à manger à un cobaye placé en observation. Le 5 août, des fèces de cet animal, délayées dans de l'eau et examinées au microscope, montrent une certaine quantité de spores qui, quoique ayant traversé tout le tube digestif, paraissent avoir conservé leur aspect physique ordinaire. J'immerge alors quelques-unes de ces fèces dans du liquide de Raulin renfermé dans un ballon, puis place le tout à l'étuve à 40°. Quatre jours après, toute la surface libre du liquide nourricier est couverte d'une belle culture d'*Aspergillus fumigatus*.

Enfin, la même expérience tentée chez un cheval, au mois de septembre 1895, donne un résultat identique.

L'*Aspergillus fumigatus* est extrêmement répandu dans la nature et ses spores sont fort communes parmi toutes les substances qui servent à l'alimentation des animaux. Rénon a déjà, à l'aide de quelques recherches, signalé la présence de ces spores dans l'air, sur l'écorce, les feuilles et les graines des arbres, sur les cailloux et dans les couches superficielles du sol, sur les grains de blé, dans la farine et parmi les graines destinées à l'alimentation des oiseaux.

Mes propres recherches confirment celles de Rénon.

En ce qui concerne les grains, j'ai examiné quinze échantillons de blé, vingt-deux d'avoine, douze de seigle, huit d'orge, trois de maïs, tous échantillons provenant de ma région. Tous ont été examinés suivant la méthode employée par Rénon : lavage des échantillons recueillis à l'eau distillée et ensemencement de liquide de Raulin avec les eaux de lavage. Or, sur ce total de soixante échantillons de grains couramment cultivés, quarante-huit ont fourni des cultures positives, savoir : maïs, 2; orge, 6; seigle, 10; avoine, 19; blé, 11.

Parmi les fourrages et les pailles, les spores de l'*Aspergillus fumigatus* ne sont pas moins communes. Sur quatorze échantillons de fourrages différents : luzerne, trèfle, sainfoin, et dix échantillons de pailles de blé, d'avoine ou seigle, soit sur un total de vingt-quatre échantillons, les spores du champignon se sont rencontrées dix-huit fois.

Cette fréquence parmi les fourrages, pailles et grains, des spores de l'*Aspergillus fumigatus* ne pouvant s'expliquer que par le développement du champignon lui-même sur les tiges, les feuilles ou les fruits des plantes, il m'a paru intéressant de rechercher dans quelles conditions se fait ce développement, c'est-à-dire s'il a lieu sur les plantes encore sur pied ou exclusivement après leur récolte, alors qu'elles sont entassées en meules ou logées dans les greniers.

L'*Aspergillus fumigatus* exigeant pour vivre et fructifier surtout, certaines conditions de chaleur, d'aération et d'humidité, il semble, *à priori*, assez difficile qu'il rencontre un terrain favorable dans les plantes récoltées et conservées en vue de l'alimentation des animaux et parfois de l'homme (grains). Ces plantes, en effet, ne sont ordinairement récoltées qu'à l'état sec, puis conservées dans cet état, en meules ou dans les greniers où elles sont entassées, et privées, par conséquent. sinon de la chaleur, au moins de l'humidité et de l'aération nécessaires à l'*Aspergillus fumigatus*, pour arriver à fournir des spores.

Par contre, les récoltes sur pied, fourrages ou graminées, offrent toutes les conditions permettant à ce champignon de vivre à leurs dépens, au moins avant leur complète maturité. Il trouve, en effet, chez elles, quand elles sont encore vertes, non seulement les éléments chimiques qu'il lui faut pour se développer, mais encore l'humidité. l'aération et la chaleur convenables, la première fournie par les plantes sur lesquelles il se greffe, les autres données par l'atmosphère.

Cette hypothèse est confirmée par les faits. Il est, en effet, fort facile de trouver, au mois de juillet par exemple, dans un champ couvert d'une récolte quelle qu'elle soit, des exemplaires de cette récolte, dont la tige ou les feuilles présentent quelques points envahis par une mucédinée quelconque; et il est non moins facile, par l'examen microscopique, les cultures et l'inoculation au lapin, de mettre en évidence que, dans la moitié des cas au moins, ces altérations sont occasionnées par l'*Aspergillus fumigatus* dont les spores se répandent partout sous l'action des manœuvres nécessitées par la fauchaison, la fenaison ou le battage.

Dans ces conditions, il est clair que certains étés sont plus favorables que d'autres à la production de l'*Aspergillus fumigatus*. Peu abondant dans les étés froids et à température irrégulière, il est au contraire fréquent dans les années chaudes.

Ces faits sont importants quant à la prophylaxie des mycoses.

§ 3.

Inoculations. — Mycoses expérimentales.

Mes inoculations ont successivement porté sur des oies, des poules, des pigeons, des lapins, des cobayes, des chiens et des moutons. La plupart d'entre elles ont été faites par voie intraveineuse; quelques-unes cependant ont été pratiquées, soit dans le tissu conjonctif sous-cutané, soit dans le péritoine, la trachée ou le poumon. Mais tandis que les premières, au moins chez certaines espèces, sont toujours suivies de mort rapide, les autres ont un effet beaucoup moins actif et moins régulier, et il arrive souvent qu'avec elles le sujet guérit après avoir été plus ou moins sérieusement malade.

I. Le 27 juin 1891, j'inocule dans le péritoine d'un cobaye adulte, 2 centimètres cubes d'une riche émulsion de spores d'*Aspergillus fumigatus*, prélevées dans une culture sur pomme de terre âgée de quinze jours. Après avoir été malade pendant une semaine, ce cobaye se rétablit. Inoculé une seconde fois le 20 juillet suivant avec des spores d'une culture datant du 15 juillet, soit âgée de cinq jours, il résiste encore.

II. Le 11 février 1892, un lapin de six mois, reçoit, dans le péritoine, 2 centimètres cubes de bouillon de veau stérilisé tenant en suspension une énorme quantité de spores provenant d'une culture dans le moût de bière et âgée de huit jours. Le lendemain, il est triste, mange peu et reste blotti dans un coin. Les jours suivants, il maigrit et meurt le 3 mars dans un état cachectique prononcé. Son autopsie révèle des lésions accentuées du foie, des reins, de l'épiploon et du mésentère.

III. A la même date, un lapin de même âge, est inoculé avec des spores de même provenance et dans les mêmes conditions. Malade d'abord pendant quelques jours, il ne tarde pas à retrouver sa gaieté et finalement guérit.

IV. Le 20 mars 1892, j'introduis directement, dans le poumon d'un lapin d'un an, par une piqûre faite à l'aide de la seringue Pravaz, au travers des muscles intercostaux, 2 centimètres cubes d'eau distillée stérilisée, tenant en suspension des spores récoltées sur une culture sur une carotte datant de trois semaines. Ce sujet résiste à l'inoculation après avoir été très malade et avoir perdu la moitié de son poids.

V. Le 15 août 1892, une oie de l'année est inoculée dans le poumon, par le même procédé, avec des spores recueillies dans une culture sur gélose âgée de dix jours et émulsionnées dans une petite quantité de bouillon stérilisé. Très malade dès le lendemain, elle meurt le 24. Son autopsie révèle des tubercules en petit nombre dans le poumon droit qui avait reçu l'injection et en grande quantité dans le foie.

VI. Le 20 août 1892, des spores provenant d'une culture récente sur pomme de terre sont, après trachéotomie et à l'aide d'une spatule de platine, introduites dans la trachée, jusqu'à la naissance des bronches, chez une oie de l'année. Deux jours après, la même opération est répétée chez le même sujet, avec des spores recueillies dans une culture sur moût de bière datant d'une semaine. Le résultat est négatif.

VII. Le 3 octobre 1893, la même inoculation est faite chez un pigeon de deux ans avec des conidies prélevées dans une culture récente sur moût de bière. Ici encore, l'oiseau résiste.

VIII. Le 12 avril 1893, un lapin adulte est inoculé de la même façon, avec des spores provenant d'une culture sur carotte âgée de douze jours. A aucun moment, il n'en paraît souffrir.

IV. Le 20 juin 1894, j'introduis, à l'aide de la seringue Pravaz, dans le poumon d'un cobaye, 1 centimètre cube de bouillon tenant en suspension une abondante quantité de spores prélevées dans une culture sur pomme de terre. Après avoir été, pendant une semaine, assez gravement malade, ce sujet se rétablit.

X. Le 6 mars 1895, une poule d'un an reçoit dans la trachée, à l'aide de la seringue Pravaz, une riche émulsion de conidies prélevées dans une jeune culture sur liquide de Raulin. Elle meurt le 15 mars avec des lésions accentuées du poumon et du foie.

XI. Par contre, une autre poule de même âge, inoculée à la même date et avec les mêmes spores, d'une façon identique, résiste parfaitement.

De cette première série d'expériences il ressort donc un fait évident : c'est la bénignité relative des inoculations, même à doses massives, des spores de l'*Aspergillus fumigatus* par voie pulmonaire, trachéale ou péritonéale, chez des sujets qui cependant sont très facilement inoculables par voie intra-veineuse et dont quelques-uns même, les oiseaux, contractent assez communément l'*Aspergillose spontanée* qui parfois, chez eux, revêt un caractère épizootique. La conclusion qu'on en peut tirer, c'est que l'organisme sain se défend avec vigueur et souvent avec succès contre les infections de cette nature, et que dans les conditions ordinaires de la vie il est nécessaire, pour qu'une affection mycotique se développe chez un sujet apte à la contracter, qu'un certain nombre de causes adjuvantes viennent apporter leur appui aux spores inoculées accidentellement. L'organe de prédilection des affections mycotiques spontanées étant en effet le poumon, il est hors de doute que, dans la majorité des cas, l'inoculation a lieu par l'air inspiré chargé de spores venant échouer dans les bronches; or, l'infection étant difficile à produire expérimentalement par cette voie, il en résulte qu'une préparation spéciale du terrain, — préparation sous la dépendance de toutes les causes pouvant affaiblir l'organisme et le rendre moins apte à la lutte qu'il doit soutenir, — est indispensable pour l'évolution de ces affections.

Cette action de certaines causes adjuvantes est, du reste, mise en évidence par les expériences suivantes :

I. Le 10 mai 1895, pour me rapprocher des conditions dans lesquelles les infections mycotiques spontanées se développent, j'insuffle, dans les bronches d'une poule d'un an, au travers d'une ouverture faite à la trachée, des spores à l'état sec prélevées dans une culture récente sur pomme de terre. Cette poule résiste à l'inoculation. Le 20 juin suivant, après l'avoir soumise les jours précédents à des inhalations irritantes de vapeurs ammoniacales, je lui fais, dans la trachée, une nouvelle insufflation de spores. Le 30 juin, elle paraît gravement malade. Sacrifiée le 4 juillet, elle montre de belles lésions mycotiques de l'appareil respiratoire.

II. Le 2 août 1895, un pigeon, une oie jeune et une poule sont soumis aux mêmes épreuves. Chez tous, les résultats sont identiques. Tués, en effet, quinze jours plus tard, ils présentent tous des altérations mycotiques très développées de l'appareil pulmonaire, non pas seulement sous forme de tubercules, mais encore avec l'aspect qu'offrent les lésions de l'*Aspergillose spontanée.*

L'ingestion des spores mélangées aux aliments, fournit des résultats encore plus fréquemment négatifs que les inoculations péritonéales, trachéales ou pulmonaires ordinaires.

I. Une seule fois, en effet, sur dix expériences ayant consisté à donner comme nourriture à des lapins, de l'avoine à laquelle j'avais mélangé des conidies de tout âge et de toute provenance, j'ai obtenu un cas positif; et encore à l'autopsie de l'animal ayant succombé, au lieu de lésions de l'appareil digestif, n'ai-je trouvé que des tubercules pulmonaires, fait qui permet de croire que l'inoculation s'est produite, non par ingestion mais bien par inhalation.

A l'aide des inoculations sous-cutanées, jamais je n'ai pu obtenir l'infection. Dans toutes mes expériences, qui ont porté sur le lapin, le cobaye et la poule, j'ai toujours simplement obtenu soit un petit noyau induré, local au point inoculé, soit un petit abcès à marche lente, chronique, altération dans laquelle, au bout d'un temps parfois très long, j'ai constamment retrouvé les spores injectées et n'ayant rien perdu de leurs qualités végétatives ou pathogènes.

Une inoculation intra-pulmonaire, trachéale, péritonéale ou sous-cutanée, restée sans effet grave, mais ayant néanmoins provoqué, au moins dans les trois premiers cas, un état maladif spécial, ne préserve pas contre une nouvelle infection et ne confère pas l'immunité.

I. Le 12 septembre 1891, j'injecte, dans la veine jugulaire d'un cobaye ayant antérieurement résisté à deux inoculations successives intra-péritonéales, 1 centimètre cube d'une riche émulsion de conidies recueillies sur une culture dans le moût de bière datant du 1er septembre. Il meurt le 16. A l'autopsie, le sang est coagulé et noir; une hémorragie interstitielle envahit toute la cuisse droite; le foie est énorme, mais sans tubercules apparents; la rate, hypertrophiée, est farcie de granulations miliaires grises; les reins sont normaux. Des tubes de gélose, ensemencés avec la pulpe splénique, fournissent des cultures de la moisissure inoculée.

II. Le 20 avril 1892, un lapin inoculé deux mois avant et sans succès dans le péritoine, reçoit, dans l'une des veines de l'oreille gauche, 2 centimètres cubes d'eau stérilisée tenant en suspension des spores provenant d'une culture sur pomme de terre âgée d'un mois. Il succombe dans la nuit du 26 au 27. Son autopsie montre de magnifiques lésions tuberculiformes du foie, des reins et du cœur, lésions qui, toutes, reproduisent par ensemencement sur carottes l'*Aspergillus fumigatus*.

III. Le 3 juin 1893, un lapin, déjà inoculé sans résultat dans la trachée le 12 avril précédent, est réinoculé par voie intra-veineuse avec des spores récoltées sur du bouillon de poule acide. La mort survient le 17 juin, avec des lésions du foie et des reins. Non seulement celles-ci donnent des cultures positives, mais encore le sang du cœur lui-même, fournit par ensemencement sur gélose, une abondante récolte du champignon.

Les inoculations intra-veineuses à doses massives sont rapidement mortelles pour l'oie, la poule, le pigeon, le cobaye et le lapin. A doses moindres, la mort survient plus lentement et parfois au bout d'un temps assez long. A doses extrêmement faibles, l'animal peut guérir, mais néanmoins il reste toujours sensible à l'action d'une nouvelle inoculation et n'a acquis aucune immunité.

I. Le 6 janvier 1892, j'injecte dans une des veines de l'aile droite d'une poule, 1 centimètre cube d'une émulsion noire de spores provenant d'une culture récente sur pomme de terre. Elle meurt le 10. A l'autopsie, le foie et la rate sont énormes, mais quelques tubercules seulement sont apparents sur le premier de ces organes. Toutefois, six tubes de gélose, ensemencés avec la pulpe splénique, fournissent des cultures positives.

II. Le 10 mars 1893, un pigeon de deux ans est inoculé, par voie intra-veineuse, avec une très riche émulsion de conidies récoltées dans une culture sur moût de bière âgée de dix jours. Il succombe dans la nuit du 14 au 15. Les lésions consistent en une infinité de tubercules miliaires répartis dans le foie et les reins, tubercules qui, ensemencés dans du bouillon de poule acide, donnent de très belles cultures.

III. Un cobaye est inoculé le 21 juin 1893, dans la jugulaire droite, avec 1 centimètre cube d'eau stérilisée tenant en suspension un très grand nombre de spores prélevées dans une culture peu âgée sur carotte. Il meurt le 26. Son autopsie montre seulement des lésions de la rate qui, hypertrophiée, est farcie de très petits tubercules grisâtres. Du sang prélevé dans le cœur et de la pulpe hépatique ensemencés sur gélose acide, fournissent néanmoins des cultures positives.

IV. Le 16 août 1892, j'injecte, dans une veine de l'aile gauche d'une oie de l'année, 2 centimètres cubes de bouillon tenant en suspension des spores recueillies dans une culture dans le même liquide et âgée de quinze jours. Elle meurt le 21. Son foie est envahi par une infinité de petites granulations grises. Un morceau cubique de cet organe de 1 centimètre de côté, prélevé aseptiquement, puis placé à l'étuve à 37°, en chambre humide, donne naissance, dès le troisième jour, à une touffe d'*Aspergillus fumigatus* qui ne tarde pas à fructifier.

V. Le 12 juillet 1893, un lapin reçoit, dans une des veines de l'oreille gauche, une très riche émulsion de spores récoltées sur une culture dans le moût de bière et ayant deux mois d'âge. Il succombe le 17. A l'autopsie, il existe des tubercules volumineux dans les reins et le cœur, et des granulations plus petites dans le foie. En outre, quelques tubercules existent encore dans l'épaisseur des parois intestinales et dans le tissu musculaire. L'ensemencement de tubes de gélose, à l'aide de ces granulations, fournit des cultures positives.

VI. Le 13 février 1895, j'injecte dans une des jugulaires d'un vigoureux cobaye, 2 centimètres cubes d'une très riche émulsion de spores prélevées dans une culture sur pomme de terre datant

de trois mois. Il meurt le 15, avec une infinité de très petits tubercules du foie, de la rate et du poumon. Ces derniers possèdent un
aspect translucide très accusé. Tous donnent, dans du bouillon
acide, de vigoureuses cultures.

VII. Le 6 juin 1893, j'inocule un lapin, par voie intra-veineuse,
avec 1 demi-centimètre cube de bouillon de veau stérilisé tenant
en suspension une très petite quantité de spores recueillies sur
une culture récente dans le moût de bière. Il succombe seulement
le 10 juin suivant. D'une maigreur extrême, il présente à l'autopsie
de volumineux tubercules des reins, du cœur et du foie.

VIII. Le 4 février 1894, un lapin reçoit, dans le torrent circulatoire, un demi-centimètre cube d'eau stérilisée tenant en suspension une faible quantité de spores recueillies dans une culture
âgée sur carotte. Il meurt le 23 février. Ses lésions consistent en
tubercules énormes répartis surtout dans les reins.

IX. Le 10 avril 1895, un quart de centimètre cube d'une faible
émulsion de spores jeunes dans du bouillon ordinaire, est injecté
dans le système sanguin d'un cobaye. A sa mort, survenue le
28 avril, il présente des granulations assez volumineuses du foie,
de la rate et des reins. Ces granulations, blanches, résistantes,
reproduisent par culture l'*Aspergillus fumigatus*.

X, XI, XII. Trois lapins sont inoculés dans le système sanguin, les 3 juin 1895, 28 juin 1895 et 8 août 1895, avec un quart de
centimètre cube d'une très faible émulsion de spores dans du
bouillon alcalin. Pendant une période assez longue, tous ces
sujets sont malades et maigrissent; puis peu à peu reprennent un
état assez satisfaisant. Réinoculés tous les trois le 28 septembre
1895, dans le torrent circulatoire, avec une forte proportion de
spores, ils meurent successivement les 1er, 2 et 4 octobre. Leurs
lésions consistent en tubercules jeunes, répartis dans les reins, le
foie, le poumon, le cœur et le tissu musculaire.

Déjà, à maintes reprises, dans le cours de ce travail, on a vu
l'*Aspergillus fumigatus* conserver intacte sa virulence, quel qu'ait
été le milieu employé pour sa culture, ou quel que fût l'âge de
celle-ci. Or, cette action pathogène reste encore invariable, quelle
que soit la façon dont il est conservé, du moment qu'il n'a pas
perdu son pouvoir végétatif, et cette manière de se comporter des
germes susceptibles de provoquer des maladies mycotiques vient

s'ajouter encore aux moyens de différenciation déjà cités, de ces affections avec les maladies infectieuses proprement dites.

I. Le 9 mai 1893, j'inocule un lapin par voie intra-veineuse, avec une émulsion de spores provenant d'une culture sur pomme de terre datant du 21 août 1892, conservée à la lumière et à la température du laboratoire. Il meurt le 15 mai, et son autopsie révèle des lésions prononcées des reins, du foie, du cœur, des parois intestinales et des intercostaux gauches.

II. Le même jour, un autre lapin reçoit, dans une des veines de l'oreille, 2 centimètres cubes de bouillon stérile, contenant en suspension une grande quantité de spores recueillies sur une culture sur pomme de terre datant du 14 mars 1892 et conservée comme précédemment. La mort a lieu le 14 mai avec des altérations des reins, du foie et de quelques masses musculaires, notamment celles de la cuisse droite.

III. Le 14 juillet 1893, des spores de l'*Aspergillus fumigatus* provenant d'une culture datant du mois d'octobre 1891, et conservées à l'état sec dans une boîte de carton, soumises aux variations atmosphériques du laboratoire, sont inoculées par voie intra-veineuse à un vigoureux lapin d'un an. Ce sujet meurt le 21 juillet suivant. A l'autopsie, il présente des lésions tuberculiformes accusées des reins et du foie.

Si, jusqu'alors, tous les animaux sur lesquels j'ai expérimenté l'*Aspergillus fumigatus* se sont montrés très sensibles à son action, il n'en est pas de même du chien et du mouton. Dans les cas, en effet, où j'ai recherché la réceptivité de ces animaux quant à cette moisissure, je n'ai obtenu que des résultats négatifs.

I. Le 5 mars 1893, j'introduis, dans la veine fémorale droite d'un chien de dix mois, 6 centimètres cubes de bouillon de veau stérilisé, tenant en suspension une énorme proportion de spores d'*Aspergillus fumigatus*, prélevées dans une culture récente sur pomme de terre. Le lendemain et pendant quelques jours, l'animal est triste et mange peu. Petit à petit il retrouve ensuite sa gaieté et son appétit, et finalement se rétablit. Réinoculé de nouveau le 30 mars, il résiste encore. Sacrifié le 15 avril, son autopsie ne révèle aucune lésion.

II. Le 8 juin 1893, un vieux chien sourd, maigre et couvert de dartres qui m'a été abandonné, reçoit dans la veine fémorale droite, 8 centimètres cubes d'une émulsion noire de conidies d'*Aspergillus fumigatus* cultivé dans le moût de bière. Le lendemain, blotti dans un coin de sa niche, il refuse de manger. Les jours suivants, il reste la plus grande partie du temps couché en rond et présente un peu d'essoufflement. Peu à peu ces signes de malaise disparaissent et bientôt il semble complétement rétabli. Sacrifié le 30 juin suivant, je ne trouve à son autopsie aucune lésion imputable à l'inoculation.

III. Le 22 juillet 1895, un mouton antennais, atteint de tournis, est inoculé par voie intra-veineuse, avec 6 centimètres cubes d'une très riche émulsion de spores jeunes provenant d'une culture dans le liquide de Raulin. Le 27 juillet, il est réinoculé avec une dose égale d'une même émulsion. Le 2 août, une troisième inoculation semblable lui est faite, en même temps que je lui injecte quelques spores dans la chambre antérieure de l'œil droit. Les jours qui suivent ces différentes inoculations il ne présente rien d'irrégulier dans son état général. Par contre, l'œil droit est le siège d'une violente ophtalmie interne. Sacrifié le 9 août, tous ses organes internes sont indemnes de lésions mycotiques. L'humeur aqueuse de l'œil inoculé, très riche en leucocytes, renferme quelques rares fragments mycéliens courts et grêles, et une très grande quantité de spores ayant conservé toutes leurs apparences physiques normales. Celles-ci, ensemencées dans le liquide de Raulin, donnent rapidement une fort belle culture.

De l'ensemble de toutes les expériences et recherches précitées, on peut tirer les conclusions suivantes :

L'*Aspergillus fumigatus* est une mucédinée fort répandue dans la nature, et ses spores sont des plus communes parmi les plantes ou les grains servant à l'alimentation des animaux et même de l'homme.

Ses spores, très résistantes à toutes les causes de destruction, naturelles ou artificielles, sont susceptibles d'évoluer dans un grand nombre d'organismes animaux.

Elles possèdent une action pathogène qui leur est inhérente, qui constitue l'une de leurs propriétés et qui les rend aptes à déterminer une affection spéciale, grave, dont les lésions présentent généralement un caractère tuberculiforme.

Elles conservent intacte cette virulence, quels que soient leur provenance et leur âge, tant qu'elles gardent leur pouvoir végétatif.

L'oie, la poule, le pigeon, le lapin et le cobaye, très sensibles à leur action par injection intra-veineuse, résistent naturellement, assez bien, à leurs effets quand l'inoculation est faite par toute autre voie.

Le chien et le mouton y paraissent réfractaires, au moins dans les conditions ordinaires d'inoculation.

§ 4.

Mycoses expérimentales (suite). — Anatomie pathologique.

Quelle que soit leur espèce, les animaux qui succombent à l'inoculation des spores de l'*Aspergillus fumigatus*, présentent des lésions dont l'aspect et la répartition varient peu. Affectant en général la forme de tubercules blanchâtres, fermes, assez bien délimités, d'un volume variable suivant les organes atteints et la rapidité d'évolution de la maladie expérimentale, elles siègent, par ordre de fréquence, dans les reins et le foie, la rate et le cœur, le poumon, le tissu musculaire, les parois de l'intestin. On peut encore en rencontrer dans les tissus péri-articulaires, sous le périoste et jusque dans l'encéphale et la moelle des os.

Toujours et considérablement touchés chez le lapin, les *reins* sont hypertrophiés, et leur surface présente un aspect irrégulier dû à la présence de granulations siégeant sous la séreuse. D'un blanc jaunâtre, saillantes, souvent environnées d'une zone congestive, d'un volume très variable, ces granulations peuvent atteindre les dimensions d'une grosse tête d'épingle, d'une lentille et même plus. A leur niveau, la capsule rénale est épaissie et infiltrée. En dehors de ces lésions superficielles, il en existe d'autres plus profondes, et une section de l'organe montre sa partie corticale criblée de nodules blanchâtres ou blanc jaunâtre, légèrement saillants sur la coupe, bien délimités, et entourés d'une zone plus ou moins congestionnée. Parfois sphériques, ces nodules sont ici, ordinairement, allongés dans le sens des tubes rénaux et convergent vers le hile.

Tel est l'aspect macroscopique des lésions rénales lorsqu'elles sont bien développées et à leur période d'état. Plus jeunes, elles sont

moins volumineuses, moins bien circonscrites, plus irrégulières
et prennent parfois un aspect larvé. En outre, la zone congestive
qui les entoure, est plus étendue et possède des caractères plus
accusés. Plus vieilles, elles sont, au contraire, mieux délimitées,
plus denses, plus résistantes et ordinairement privées d'une aréole
inflammatoire.

L'examen microscopique de ces tubercules les montre constitués, quand ils sont jeunes, par un amas de filaments mycéliens
enchevêtrés, siégeant dans les glomérules ou dans la longueur des
tubes urinifères, et dont quelques rameaux divergents s'étendent en rayonnant dans tous les sens jusque parfois dans des
points encore d'aspect histologique normal ou à peine altéré[1].
Dans les glomérules, ces filaments affectent ordinairement une
forme rayonnée assez nette; mais dans les tubes urinaires, ils
sont plutôt disposés côte à côte, dans un sens longitudinal, paral-

1. L'étude microscopique des lésions causées par l'*Aspergillus fumigatus* est facile et n'exige pas une technique bien compliquée. Dans certains cas, en effet, alors que les lésions sont jeunes et que le mycélium
est bien développé, une simple coloration au carmin ou au picro-carmin
de Ranvier ou de Orth peut suffire. Toutefois, en règle générale, il est
préférable de recourir aux doubles colorations qui donnent un résultat
beaucoup plus instructif. Les méthodes qui m'ont le mieux réussi sont
celles de Gram ou de Gram-Weigert. Les coupes, faites au microtome à
paraffine, après durcissement par l'alcool absolu, coloration en masse
par le carmin et inclusion convenable, sont, après être débarrassées de la
substance enrobante, plongées pendant quelques heures dans une solution aqueuse de violet de méthyl ou de gentiane, lavées ensuite à l'eau
distillée, puis traitées par la solution iodo-iodurée, séchées et décolorées
par l'alcool ou l'huile d'aniline-xylol, et enfin montées dans le baume du
Canada après leur passage dans le xylol pur. De cette façon, j'ai toujours obtenu une coloration violette intense du mycélium, qui se colore
mal si les coupes séjournent peu dans le liquide tinctorial. Il est à remarquer, en outre, que les filaments mycéliens se colorent d'autant
mieux qu'ils sont plus jeunes.

Par cette méthode des coupes, en raison même de la finesse de celles-ci,
on ne voit jamais qu'une parcelle du mycélium développé dans un tubercule. Comme il était intéressant de l'avoir en entier pour se rendre compte
de son abondance, j'ai employé le moyen suivant : un tubercule frais,
entier, est isolé, puis plongé dans de la potasse à 20° „ jusqu'à la transformation muqueuse complète de tous les éléments organiques. Lavé à
l'eau, il est alors écrasé entre deux lamelles qu'on sépare ensuite en les
faisant glisser l'une sur l'autre. Le mycélium, adhérent à ces lamelles, est
fixé par un séjour dans l'alcool-éther, puis dans l'alcool absolu, et coloré
enfin par le Gram ou le Gram-Weigert. Ce moyen fournit des résultats
intéressants (*fig.* 5, 6, 7).

lèle à la direction de l'organe dans lequel ils siègent. En outre, là, ils envoient latéralement des rameaux plus ou moins nombreux qui souvent se terminent par de petites houppes de filaments courts, émergeant de l'extrémité terminale du rameau principal. Autour de ce mycélium du champignon, il existe d'assez nombreux leucocytes mélangés aux cellules rénales qui, gonflées, troubles, et ayant leurs noyaux mal délimités, sont en voie de dégénérescence. Enfin, il est une zone périphérique congestionnée, dans laquelle les capillaires sont distendus et où il n'est pas rare de rencontrer des globules sanguins extravasés.

Si les tubercules sont plus âgés, le mycélium qui s'est étendu et a pénétré parfois assez loin dans toutes les parties voisines, est moins facile à voir, masqué qu'il est par les nombreux leucocytes sortis des vaisseaux par diapédèse et qui l'englobent. A cette époque, les tubercules sont presque exclusivement constitués par des globules blancs. Plus tard, le mycélium disparaît et la lésion présente, dans son centre, un amas diffus de cellules leucocytaires en voie de dégénérescence. Parfois même cette partie centrale est complètement ramollie (*fig. 8*).

Si l'animal chez qui on étudie ces lésions rénales est un sujet qui a guéri par suite d'une inoculation insuffisante, ou pour toute autre cause, les tubercules sont remplacés par des cicatrices blanchâtres, souvent cupuliformes, que l'examen histologique montre formées d'un tissu de sclérose mélangé d'éléments embryonnaires et d'éléments conjonctifs adultes. Dans ces tubercules, il ne reste le plus souvent aucune trace appréciable du champignon. Cependant, Rénon dit avoir encore trouvé quelquefois, dans ces lésions cicatricielles, quelques rameaux mycéliens se colorant par la thionine et affectant là une forme nettement rayonnée.

Encore fréquentes et importantes chez le cobaye, les lésions rénales sont moins constantes chez les oiseaux, où elles prennent ordinairement la forme de tubercules miliaires. Par contre, chez ceux-ci comme chez le lapin, le *foie*, fortement congestionné et considérablement augmenté de volume, est le siège de granulations dont le nombre est tel, dans les inoculations riches en spores, qu'il en est littéralement farci. N'atteignant jamais ou rarement les dimensions de celles qui existent dans les reins, les plus grosses ne dépassent pas généralement le volume d'un grain de mil et souvent même ne se présentent que sous forme de tubercules microscopiques.

Quand la maladie a été très rapidement mortelle, ceux-ci apparaissent, au microscope, constitués par une ou plusieurs spores échouées dans un capillaire ou à son voisinage, ayant germé et fourni des rameaux mycéliques disposés en buisson ou en éventail épais, et entourés de cellules épithélioïdes ou leucocytiques (*fig. 9 et 10*). Un peu plus tard, quand les filaments mycéliens se sont étendus, les cellules du foie les plus voisines sont envahies par la nécrose, et autour d'elles existe une zone congestive et hémorragique très marquée.

Lorsque la maladie a évolué plus lentement, les tubercules, plus volumineux, présentent, dans leur centre, un mycélium plus abondant, dont les rameaux entrelacés, feutrés, parfois encore très visibles, n'apparaissent dans d'autres cas que sur la périphérie, disséminés et espacés les uns des autres, au milieu d'une grande masse de cellules embryonnaires qui ont envahi le centre du tubercule et masqué ou détruit le parasite. Souvent, on rencontre encore quelques-uns de ces rameaux mycéliens isolés, dans des régions relativement saines et fort loin de leur point d'origine. Autour des amas leucocytaires, les éléments hépatiques les plus proches, en voie de dégénérescence, sont gonflés, troubles, et possèdent des noyaux mal délimités.

Chez le cobaye, outre ces lésions, il existe fréquemment des altérations marquées de la *rate*, altérations que l'on rencontre assez rarement chez les autres animaux, au moins aussi nettement développées. Hypertrophié, ayant doublé ou triplé de volume, cet organe, quand il est altéré, est infiltré par une énorme quantité de tubercules grisâtres et miliaires, ou atteignant le volume d'une tête d'épingle et alors blanchâtres. De même nature que les tubercules du rein et du foie, les granulations spléniques sont essentiellement formées par des filaments mycéliens mélangés à des globules blancs, en plus ou moins grand nombre suivant l'âge des lésions. Peu abondants et laissant voir nettement le mycélium du champignon si les tubercules sont jeunes, ils sont nombreux, pressés les uns contre les autres, et ne permettent d'apercevoir les rameaux mycéliques que sur la périphérie, où ils sont disséminés et isolés, si les lésions sont plus âgées.

Au point de vue spécial de l'aspect que prend l'*Aspergillus fumigatus* lorsqu'il se développe dans l'épaisseur des tissus vivants, les lésions spléniques m'ont paru être les plus intéressantes, car c'est chez elles surtout que j'ai trouvé la forme rayonnée très accusée, donnant au parasite une vague ressemblance avec l'actinomycose. Partant d'un point central bien distinct, les filaments mycéliques, vivaces, volumineux et longs, y sont très nettement visibles, même sans coloration spéciale, — en raison de leur réfringence particulière, — et forment une masse rayonnée, régulière, dont la partie centrale, sur une coupe, montre des corps ronds, brillants, qui ne sont autre chose que des hyphés coupés par le microtome perpendiculairement à leur axe (*fig. 11*).

Mais cet aspect si particulier, que prend le parasite dans les lésions spléniques du cobaye inoculé par voie intra-veineuse, n'est pas constant. Il faut, pour l'obtenir, que le sujet d'expérience ne meure pas trop vite, pas avant quatre ou cinq jours par exemple. Dans le cas contraire, il n'existe pas.

Ces tubercules spléniques, enfin, comme ceux des reins, fournissent, quant à la richesse du mycélium, des préparations fort intéressantes quand on les traite par la potasse, suivant la méthode que j'ai indiquée (*fig. 11*).

Le *cœur*, fréquemment atteint, au moins chez le lapin, lorsque la maladie est intense et le nombre des spores injectées considérable, laisse voir des nodules blanchâtres de grosseur variable, mais atteignant souvent des dimensions exagérées qui lui donnent une forme irrégulière et bosselée. Siégeant, soit à la surface du myocarde, soit dans son épaisseur, ils possèdent ordinairement une forme allongée. Composés essentiellement, comme les tubercules précédemment décrits, d'un mycélium plus ou mois abondant et enchevêtré, et de cellules épithélioïdes ou leucocytiques l'environnant et l'enserrant, ils provoquent, dans les points où ils siègent, la destruction du myocarde, et dans leur voisinage, une myocardite parenchymateuse accusée par la dégénérescence des fibres musculaires.

Les mycoses expérimentales, on l'a vu, déterminent assez rarement des lésions *pulmonaires* quelle que soit l'espèce animale inoculée. Consistant le plus souvent, dans les inoculations intra-veineuses et quand elles existent, en tubercules de la grosseur d'une tête d'épingle au maximum. — à moins que l'affection ne revête une marche lente, — elles sont irrégulièrement réparties et peu nombreuses. D'aspect grisâtre, translucides comme tous les tubercules jeunes du poumon. ces granulations reconnaissent pour cause le même processus que celui qui préside à la formation des tubercules mycotiques des autres organes. Échouées dans les capillaires, les spores injectées donnent naissance à quelques branches mycéliques bientôt entourées de globules blancs ou de cellules géantes, et, suivant leur âge, les lésions ainsi formées apparaissent plus ou moins riches en mycélium et en leucocytes (*fig. 12*).

Dans les injections intra-trachéales, lorsqu'elles réussissent, les altérations pulmonaires se rapprochent de celles que l'on constate chez les oiseaux dans les mycoses spontanées. Les tubercules existent bien encore, mais on trouve, en outre, des lésions en plaques des bronches, occasionnées par le greffage sur la muqueuse aérienne, des spores injectées, et possédant un aspect identique à celui que revêtent les lésions mycotiques spontanées des oiseaux et déjà décrites.

Lorsque les tubercules siègent dans le *tissu musculaire*, ils affectent une forme allongée suivant la direction des fibres, et se rencontrent surtout dans les adducteurs des cuisses, dans les muscles abdominaux, dans les intercostaux, dans les grands dorsaux et dans le diaphragme. Là aussi, leur présence provoque une réaction du tissu environnant se traduisant par une altération plus ou moins marquée des fibrilles musculaires.

Assez rares dans les inoculations intra-veineuses, les tubercules mycotiques des *organes intestinaux*, du *mésentère* et de *l'épiploon* sont au contraire communs dans les injections intra-péritonéales (*fig. 13*). Consistant en granulations blanchâtres, assez régulièrement sphériques, fermes au toucher et siégeant dans l'épaisseur des parois intestinales, dans le tissu musculaire, dans le tissu sous-muqueux ou dans la muqueuse elle-même. ils présentent toujours la même constitution histologique et reconnaissent pour origine le développement des spores arrêtées, soit dans les capillaires sanguins, si l'inoculation a été intra-veineuse, soit dans les petits vaisseaux lymphatiques, lorsque l'inoculation a été faite directement dans le péritoine.

Quant aux lésions des *os* et de *l'encéphale*, elles sont encore plus rares. Les premières se rencontrent, surtout chez les jeunes animaux, au niveau des épiphyses ou des points de soudure des os longs, et une fois seulement j'ai vu les secondes dans le cervelet d'un lapin, qui dès le deuxième jour après l'inoculation et jusqu'à sa mort, survenue le sixième jour, présenta des mouvements de roulement sur son axe, d'un côté à l'autre, des plus curieux. Ces altérations, là encore, présentent des caractères histologiques invariables.

En résumé, quel que soit leur siège, rein, foie, rate, poumon, intestin, etc., les lésions mycotiques expérimentales appartiennent donc à un même type, le tubercule, et le processus qui préside à leur formation ne varie pas. Injectées dans le torrent circulatoire ou dans une grande cavité séreuse, les spores, charriées par le sang ou la lymphe, échouent dans les capillaires ou les plus fins lymphatiques et donnent naissance à des filaments mycéliaux contre lesquels l'économie lutte par l'intermédiaire de la phagocytose.

« Les nodules les plus jeunes sont formés par une agglomération de cellules leucocytiques ou épithélioïdes autour d'un ou plusieurs filaments mycéliens. Les granulations plus anciennes présentent à leur centre un feutrage de mycélium à rameaux plus vivants à la périphérie qu'au centre. Dans certains cas, le tubercule est uniquement représenté par une grande cellule géante, dont le protoplasma contient une ramification de mycélium, soit vivante, soit altérée, monoliforme et comme digérée par la phagocytose. » (*Dieulafoy, Chantemesse* et *Widal.*) « Quelques tubercules atteignent l'évolution fibreuse : leur centre n'est plus représenté que par un protoplasma fibrillaire, qui ne contient que des vestiges du champignon ou même ne renferme plus rien, comme si le tubercule avait tout à fait détruit le parasite. » (*Rénon.*)

§ 5.

Essais thérapeutiques.

On a vu précédemment, et à différentes reprises, que toutes les expériences tentées dans le but de diminuer la virulence des spores de l'*Aspergillus fumigatus* ont échoué, et que ces spores conservent intacte leur action pathogène tant qu'elles ne perdent pas leur pouvoir végétatif. On a vu aussi dans certaines expériences que j'ai rapportées que, lorsque pour une raison quelconque, une injection de ces spores reste bénigne, elle ne confère pas pour cela aux animaux inoculés l'immunité contre une nouvelle inoculation pratiquée dans des conditions plus favorables. Enfin, *Kolliar* (in *loc. cit.*) et *Rénon*[1] ont encore démontré que les produits laissés par cette mucédinée dans les substances où elle est cultivée, ne possèdent aucune action vaccinante, et que, en outre, il est impossible d'immuniser les lapins ou les pigeons contre l'*Aspergillus fumigatus*, à l'aide des moyens ordinairement employés pour obtenir ce résultat dans les affections microbiennes.

Cependant, *Rénon* a remarqué, après *Ribbert*, que « l'injection des spores virulentes sous la peau, puis dans les veines, à doses progressivement croissantes, permet d'augmenter à chaque nouvelle injection et les doses injectées et la résistance des lapins », et il conclut de ses recherches : « En présence de tous les résultats négatifs que nous avons obtenus, nous pensons que c'est par l'injection progressivement croissante de spores virulentes qu'il faut chercher à résoudre le problème de l'immunisation des animaux contre la tuberculose aspergillaire. »

De mon côté, j'ai obtenu des résultats semblables. D'une part, comme *Kolliar* et *Rénon*, j'ai vu que les substances où a poussé l'*Aspergillus fumigatus*, quoique possédant une action pyrogène assez marquée, sont aussi incapables de tuer les lapins à qui on les injecte que de les immuniser. D'autre part, j'ai constaté également, avec *Ribbert* et *Rénon*, qu'en inoculant, lentement et progressivement, des doses croissantes de spores virulentes, on arrive à donner aux animaux d'expérience une légère survie quand plus tard on les inocule avec des quantités massives.

Mais, si intéressantes qu'elles soient quant à la pathologie générale, ces données sont encore incertaines, et les moyens par lesquels on les obtient sont inapplicables au traitement des myco-

---

1. Rénon, *Essais d'immunisation contre la tuberculose aspergillaire.* In *Semaine médicale*, 24 juillet 1895.

ses déclarées. Aussi, au point de vue thérapeutique, il m'a paru préférable d'entrer dans une autre voie, et de rechercher s'il n'était pas quelques substances médicamenteuses pouvant s'opposer au développement des spores dans l'économie et entraver la production des filaments mycéliens ou faire résorber et disparaître les lésions déjà causées; et, en raison de l'action que l'*arsenic* et l'*iode* exercent sur les cultures *in vitro*, c'est à ces agents que je me suis adressé.

Après avoir déterminé par tâtonnements les doses maxima approximatives de *liqueur de Fowler* et de *teinture d'iode* pouvant être injectées journellement et sans danger dans le tissu cellulaire sous-cutané de vigoureux lapins adultes, j'entrepris tout d'abord, et à titre d'essai, une première série d'expériences avec chacune de ces substances.

D'un côté, je soumis, pendant quinze jours, deux groupes de cinq lapins à des injections journalières préventives de teinture d'iode et de liqueur de Fowler, puis inoculai ensuite les animaux ainsi traités, en même temps que des lapins neufs témoins, avec des quantités approximativement égales de spores recueillies dans une culture récente sur pomme de terre.

D'un autre côté, je procédai à des expériences inverses, c'est-à-dire que je soumis, aux mêmes injections médicamenteuses sous-cutanées, deux groupes de cinq lapins préalablement inoculés, en même temps que des lapins témoins, avec des doses sensiblement égales de spores de même origine.

Dans le premier cas, les résultats obtenus furent peu accusés, et j'eus seulement une survie moyenne de cinq jours, chez les sujets soumis aux injections préventives de liqueur de Fowler, et de neuf jours, chez ceux traités par la teinture d'iode.

Les résultats fournis dans le second cas furent plus importants. Tandis, en effet, que les témoins succombèrent dans un délai maximum de sept jours, les sujets médicamentés résistèrent plus longtemps, et j'obtins une survie moyenne de quatorze jours, avec la liqueur de Fowler, et de vingt-trois jours, avec la teinture d'iode; en outre, les individus ainsi traités, à titre curatif, présentaient des lésions des organes moins nombreuses, plus volumineuses et moins riches en filaments mycéliques que les sujets témoins ou traités préventivement.

En possession de ces données fournies par des sujets inoculés avec des doses massives de spores, j'entrepris de nouvelles expériences en employant cette fois des doses moindres, dans le but de me rapprocher autant que possible, dans ces essais thérapeutiques, des conditions ordinaires de l'évolution des mycoses.

A cet effet, le 10 avril 1895, j'inoculai par voie intra-veineuse, à dix lapins adultes et vigoureux, une très petite dose de spores recueillies sur une culture récente dans le liquide de Raulin. Après leur inoculation, ces lapins furent divisés en trois lots. Le premier lot, composé de deux sujets, fut conservé comme témoin, et les deux autres, comprenant chacun quatre individus, furent traités : l'un, A, par la liqueur de Fowler ; l'autre, B, par la teinture d'iode, cela à partir du 14 avril, c'est-à-dire après avoir laissé, aux spores inoculées, le temps nécessaire pour qu'elles puissent donner naissance, dans l'organisme, à un mycélium.

Les deux lapins du lot témoin succombèrent : le premier, le 24 avril ; l'autre, le 3 mai.

Dans le lot A (*liqueur de Fowler*), un premier sujet, recevant tous les quatre jours, dans le tissu conjonctif sous-cutané, cinq gouttes de la solution arsenicale, mourut le 26 mai.

Un second, chez qui cette solution était injectée tous les trois jours, à la dose de quatre gouttes, survécut jusqu'au 16 juin.

Le troisième, à qui j'injectais deux gouttes tous les deux jours, avec, tous les huit jours, une interruption de traitement d'une durée de cinq jours, succomba le 23 juin.

Enfin, le quatrième mourut le 30 juin, après avoir reçu deux gouttes de liqueur de Fowler dans le tissu conjonctif tous les jours jusqu'au 20 avril, puis trois gouttes tous les deux jours jusqu'au 15 juin, et enfin quatre gouttes jusqu'à sa mort.

Dans ce lot, la survie moyenne a donc été de trente-quatre jours.

Les lésions constatées chez ces différents lapins consistaient en tubercules du foie et des reins. Peu nombreux, d'aspect blanchâtre, assez irrégulièrement délimités, ils étaient fermes, durs, fibreux presque, et peu riches en filaments mycéliens.

En outre, il existait dans les organes précités, surtout chez le

lapin ayant succombé le dernier, quelques petites trainées blanchâtres, lardacées, formées par du tissu de cicatrice et semblant
être les vestiges de tubercules disparus.

Les résultats obtenus avec la *teinture d'iode* (lot B) furent
encore plus accusés. La survie moyenne s'éleva, en effet, dans ce
cas à quarante-huit jours, avec, comme chiffres extrêmes, cinquante et cent trois jours. Quant aux doses de teinture d'iode
injectée, elles varièrent entre cinq gouttes tous les deux jours et
dix gouttes tous les trois jours, avec, dans ce dernier cas, une
interruption de traitement de huit jours tous les douze jours.
Comme dans le lot précédent, mais plus encore, les tubercules
constatés à l'autopsie des sujets traités étaient fermes, fibreux,
en voie de régression, et contenaient peu ou point de filaments
mycéliques. Enfin, les traces cicatricielles laissées par les tubercules guéris et disparus étaient plus nombreuses.

Sans être absolument convaincants, les résultats fournis par
ces essais thérapeutiques sont cependant suffisamment encoura-
geants pour être essayés de nouveau, et je ne doute pas qu'on
arrive, en se rapprochant encore davantage des conditions normales d'évolution des mycoses spontanées, à obtenir, par l'une ou
l'autre de ces substances médicamenteuses, des faits avérés de
guérison. En tout cas, les données précédentes militent en faveur
de l'introduction de ces agents dans la thérapeutique des mycoses
spontanées, où jamais les lésions n'atteignent un degré aussi
accusé et où jamais elles ne sont aussi répandues que chez les
sujets infectés expérimentalement, toutes choses à considérer
quant aux résultats à obtenir.

CHAPITRE IV.

Étude clinique.

Comme on l'a vu précédemment, jusqu'en ces dernières années, les *Aspergilloses spontanées*, les *pseudo-tuberculoses aspergillaires*, causées par l'*Aspergillus fumigatus*, n'ont guère constitué que des trouvailles d'autopsie ; aussi, considérées comme une chose exceptionnelle, comme une simple curiosité pathologique, ont-elles peu attiré l'attention des cliniciens. Cependant, elles méritent une place à part dans le cadre nosologique, et cette constatation importante est encore une conséquence de l'application de la méthode expérimentale aux études médicales.

En démontrant, en effet, que l'*Aspergillose* constitue une entité morbide spéciale, cette méthode a fait multiplier les recherches relatives au mode d'évolution des *Mycoses* et a permis d'en fixer les caractères ; en outre, elle a montré que chez l'homme il est tout une classe d'individus, les *gareurs de pigeons*, chez qui la *pseudo-tuberculose aspergillaire*, fréquente, affecte l'allure d'une *maladie professionnelle*.

En vétérinaire, l'étude des *Mycoses* a été poussée moins loin. Toutefois, à l'aide des observations déjà rapportées, et aussi grâce aux données expérimentales, il est dès maintenant facile d'esquisser, au moins dans ses grandes lignes, la physionomie clinique de ces affections.

Étiologie. — Des recherches citées antérieurement, il résulte que les spores de l'*Aspergillus fumigatus* sont des plus communes, au moins certaines années chaudes, parmi toutes les matières utilisées, dans nos contrées, pour l'alimentation et l'entretien des animaux. Dans ce fait, réside donc la cause première du développement possible de l'*Aspergillose spontanée* ; et cette cause est d'autant plus importante que les aliments sont plus avariés, moins bien choisis ou moins privés des poussières qui leur adhèrent.

Une seconde cause provient de la façon dont sont servis ces aliments. Il découle, en effet, des données fournies par l'observation et les recherches expérimentales, que le terrain de prédilection de l'*Aspergillose spontanée* est le poumon, où l'inoculation a lieu directement par l'intermédiaire des poussières couvrant les grains, les fourrages ou les pailles, — poussières agitées et soulevées par les animaux sous l'influence des actes nécessaires à la préhension des matières alimentaires, — et pénétrant alors dans les voies aériennes. Or, comme dans la très grande majorité des cas, la nourriture est servie aux animaux à l'état sec, c'est-à-dire sous une forme où les poussières susceptibles de la recouvrir sont faciles à mobiliser, il en résulte que, là encore, existe l'une des principales causes d'infection.

Il est encore, enfin, une troisième cause à considérer, c'est la prédisposition du sujet ou la préparation du terrain, et cette cause est peut-être la plus importante. Si, en effet, les spores de l'*Aspergillus*, qui sont extrêmement répandues, étaient susceptibles de se greffer d'emblée et d'évoluer sur la muqueuse respiratoire là où elles tombent et dans quelque condition que ce soit, bien peu d'animaux échapperaient aux affections mycotiques. Or, on sait que ces maladies, tout en étant peut-être plus fréquentes qu'on ne pense, sont encore assez rares. D'un autre côté, les recherches expérimentales démontrent que, dans les conditions ordinaires, il est assez difficile de provoquer leur apparition par l'inoculation directe des voies respiratoires, même en employant des doses massives. Tous ces faits indiquent donc, pour que les animaux susceptibles de contracter la *pseudo-tuberculose aspergillaire spontanée* s'infectent, qu'il est nécessaire qu'ils soient sous l'influence de certaines circonstances les affaiblissant et détruisant, en faveur des spores inoculées, la résistance qu'ils présentent naturellement. Les affections des voies respiratoires sont dans ce cas.

Mais en dehors de cette prédisposition individuelle, acquise, il en est encore une autre, inhérente à la race. En général, très développée chez les oiseaux, cette prédisposition est moindre chez les mammifères, et parmi ceux-ci il semble que les individus des races équine et bovine soient particulièrement aptes à contracter les affections *aspergillaires*.

Symptômes. — Si, quelle que soit l'espèce des individus soumis aux causes naturelles de contamination, l'étiologie de l'*Aspergillose* ne varie pas, il n'en est pas de même en ce qui concerne la symptomatologie. Affectant généralement, en effet, chez les oiseaux, une forme ayant la plus grande ressemblance clinique avec la tuberculose vraie, l'*Aspergillose* présente chez les mammifères des caractères plus variables, et là peut parfois donner naissance à des symptômes pouvant faire croire à quelque véritable affection septicémique suraiguë.

A. *Oiseaux*. — Chez les oiseaux, le début de la maladie passe habituellement inaperçu, et ce n'est ordinairement qu'à la période d'état que les symptômes sont assez accusés pour pouvoir être saisis. Les individus atteints offrent alors tous les signes d'une affection plus ou moins grave des voies respiratoires. La respiration, d'abord courte et rapide, accompagnée souvent d'un ronchus sensible surtout à l'expiration, devient par la suite pénible, suffocante et stertoreuse. L'appétit diminue, puis disparaît. Dans certains cas, par contre, les boissons sont très avidement recherchées. Souvent, il existe une diarrhée jaunâtre, fétide, qui va encore en s'accusant aux approches de la mort. Les malades maigrissent considérablement, s'anémient et ont les muqueuses pâles. Tristes, ayant perdu leur vivacité, somnolents, ils s'isolent et se blottissent dans un coin. Titubants, ils se déplacent en traînant leurs ailes pendantes et finissent par mourir dans le marasme, épuisés, d'une maigreur excessive et les plumes ternes, hérissées et sales. La durée de la maladie peut atteindre plusieurs mois.

Lorsque les lésions siègent exclusivement dans les sacs aériens, les symptômes d'un épuisement continu et progressif sont souvent les seuls qui soient saisissables.

Par contre, quand les foyers mycotiques s'étendent aux os et aux cavités articulaires des membres, outre les symptômes précédents, on peut constater des boiteries plus ou moins intenses, parfois la suppression absolue de la marche et des gonflements accusés des régions articulaires, gonflements douloureux, et que leur consistance ferme fait reconnaître causés par une ostéite des parties épiphysaires des os.

B. *Mammifères*. — Chez les mammifères, on peut aussi, comme chez les oiseaux, observer des symptômes communs à toutes les affections chroniques des voies respiratoires.

Dans certains cas, les signes cliniques appartiennent à la bronchite chronique et se caractérisent par une respiration embarrassée, une toux grasse, un jetage muqueux plus ou moins abondant et quelques râles secs ou humides à caractères variés. Dans d'autres, ils sont ceux de l'emphysème pulmonaire. On trouve alors de l'irrégularité du flanc, une toux quinteuse, sèche, et des râles sibilants. Souvent enfin (*Pech, Rœckl, Piana*), les manifestations de l'*Aspergillose* sont semblables à celles de la pneumonie catarrhale. Il existe de la matité irrégulièrement située et souvent peu étendue, une toux courte, douloureuse, avortée, quelquefois du bruit de souffle, mais plus fréquemment des râles remplaçant les bruits respiratoires normaux, disparus ou considérablement affaiblis, de la dyspnée, du jetage, etc…

Généralement, la maladie suit une marche chronique et parfois est d'une durée assez longue. En même temps alors, elle s'accompagne de manifestations générales accusées. Il y a de la fièvre : le pouls est rapide, la température élevée, l'appétit est sensiblement diminué et souvent même supprimé ; la rumination fait défaut ou n'a lieu que de loin en loin ; les poils perdent leur brillant, deviennent ternes, et un amaigrissement plus ou moins rapide et progressif apparaît. Peu à peu les malades déclinent, s'étiolent, et alors, phtisiques au sens propre du mot, meurent dans le marasme, épuisés.

Telle est la marche pour ainsi dire classique de l'*Aspergillose spontanée des grands animaux domestiques*. Mais, dans certains cas, elle affecte une forme suraiguë et peut alors prendre l'allure d'une véritable affection septicémique à évolution très rapide.

Là, on constate des frissons ; une accélération considérable de la circulation en même temps qu'un affaiblissement du pouls ; des battements du cœur tumultueux, à timbre métallique ; de la somnolence, de la stupéfaction ; une inappétence complète ; de l'inrumination ; parfois une diarrhée profuse ; des hémorragies généralisées ou localisées à certains organes ; du pissement de sang ; des irrégularités plus ou moins accusées dans la résonnance et les bruits normaux du poumon (matité, râles, souffles), et enfin, souvent, un abaissement considérable de la température rectale.

Beaucoup moins fréquente que la forme chronique, cette forme suraiguë, spéciale, de l'*Aspergillose spontanée* des grands animaux, a été vue par *Pech*, *Thary* et *moi-même*, chez le cheval et la vache.

Diagnostic. — Jusqu'alors, il ne semble pas que le diagnostic de l'*Aspergillose viscérale spontanée* ait jamais été porté, pendant la vie, chez les animaux domestiques. Toutefois, s'il est impossible dans les cas revêtant une forme suraiguë, en raison même de la rapidité avec laquelle la mort survient, il y a lieu de croire qu'à l'aide de quelques recherches, on pourrait l'établir dans les formes chroniques, au moins, quand dans ces formes, — ce qui paraît être la règle, — le parasite existe dans le poumon et y a acquis un complet développement.

Le jetage des individus malades, renfermant ordinairement, d'une façon constante ou irrégulière, des spores du champignon vivant dans l'organisme et parfois même des têtes sporifères entières, pour établir ce diagnostic, deux moyens sont à employer : d'une part, l'*examen microscopique*; d'autre part, les *cultures*.

1° L'*examen microscopique* est des plus simples. Une goutte du jetage suspect est placée sur une lame porte-objet bien propre, on y ajoute une goutte d'une solution de potasse à 15 ou 20 pour cent, on laisse agir quelques instants, puis on couvre d'une lamelle et on porte sous le microscope muni d'un objectif n° 6 (Leitz), par exemple. Sous l'action de la potasse, les éléments organiques ordinaires du jetage ne tardent pas à se dissoudre, et les spores de l'*Aspergillus fumigatus*, si elles existent, non attaquées, sont facilement vues avec tous leurs caractères.

2° Les *cultures* sont non moins commodes. Dans un ballon de verre, d'une contenance de 100 c. c., on verse 40 à 50 c. c. de liquide Raulin, on bouche à l'ouate, et à l'aide d'un foyer quelconque on porte à l'ébullition ; on laisse alors refroidir, puis on ensemence abondamment avec le jetage à examiner. Il ne reste plus alors qu'à soumettre le tout à une température de 38° — 40° pendant plusieurs jours. Au bout de trois ou quatre jours, on est fixé.

Ces deux moyens se complètent l'un l'autre. L'examen microscopique seul, parfait pour déceler la présence des spores, est insuffisant pour déterminer l'espèce du champignon qui les a fournies; mais celle-ci est facilement mise en évidence par les cultures faites à température élevée, d'après ce que l'on sait de la biologie de l'*Aspergillus fumigatus*. En outre, une parcelle de ces cultures, préparée comme il a déjà été dit, et examinée au microscope, achève de renseigner; au besoin même on a recours à l'inoculation.

A défaut de liquide de Raulin, du jus de carottes, de pommes de terre, de choux, du pain bouilli, etc., peuvent encore être utilisés; mais le liquide de Raulin est préférable, en ce sens que, d'origine purement minéral et fortement acide, il est peu favorable au développement des microbes, dont la pullulation pourrait entraver la culture de la moisissure.

Toutefois, pour donner plus de précision à ces recherches diagnostiques dont on comprend l'importance, il est quelques précautions à prendre pour recueillir les produits à examiner. Ceux-ci, pouvant en effet contenir des spores provenant des aliments et apportées du dehors par l'air inspiré, il est indiqué de soumettre, pendant quelques jours avant l'examen, les animaux malades à un régime humide, de façon à écarter toute chance d'erreur. En mouillant, effectivement, les fourrages, le son et l'avoine, les spores qui pourraient couvrir ces aliments y adhéreront, et les occasions de contamination extérieure seront évitées. En outre, en provoquant la toux et en déterminant ainsi l'expulsion des mucosités profondes qui, seules, doivent servir aux recherches ci-dessus, celles-ci seront encore plus précises.

Pronostic. — Jusqu'alors, il doit être considéré comme grave, car la mort est la règle absolue. Je ne sais pas, en effet, de cas avéré de guérison d'*Aspergillose viscérale confirmée* chez nos animaux. Cependant, en raison des résultats fournis par les recherches que j'ai rapportées antérieurement, ce pronostic ne doit pas être regardé comme définitif, et il semble qu'il y a beaucoup à espérer, dans l'avenir, du traitement par l'iode ou l'arsenic.

Anatomie pathologique. — Chez les oiseaux comme chez les mammifères, dans les cas *à marche lente*, on trouve deux sortes de lésions : d'une part, dans l'épaisseur des tissus, des tubercules plus ou moins volumineux ; d'autre part, dans les bronches, et dans les sacs aériens chez les oiseaux, des touffes d'*Aspergillus fumigatus* complètement développé et reposant sur une base membraneuse plus ou moins épaisse.

Les tubercules présentent les dimensions d'un grain de chénevis à celles d'un pois et parfois plus. D'aspect blanchâtre, assez bien délimités, fermes au toucher, on les rencontre tantôt disséminés et rares, tantôt confluents. Non seulement ils existent dans les poumons, mais encore dans tous les points de l'organisme et jusque dans la moelle des os. Ordinairement, ils sont séparés du tissu sain par une zone congestive, hémorragique plus ou moins étendue.

Dans certains cas, en dehors de ces tubercules, il existe des foyers de pneumonie diffuse, caractérisée par l'hépatisation et l'infiltration inflammatoire du tissu conjonctif interlobulaire. D'autres fois, on trouve de véritables abcès pulmonaires ou hépatiques ; dans d'autres cas encore, il existe des lésions d'emphysème.

Les altérations des bronches consistent parfois en des ulcérations, nues ou recouvertes de proliférations mycotiques. Ces lésions, du reste, peuvent se rencontrer sur un point quelconque de la muqueuse respiratoire. Le plus souvent, dans les points bien aérés, il y a de grosses touffes de la moisissure arrivée à maturité et reposant sur une base membraneuse blanche ou blanc-jaunâtre, épaisse, plissée, gondolée, adhérente à la muqueuse qui, elle-même, a subi l'infiltration inflammatoire et s'est épaissie.

Dans les formes rapides, suraiguës, en dehors de ces lésions qui peuvent encore exister, on trouve parfois, dans le poumon, des altérations de pneumonie par corps étrangers (cas *de Pech*). Certains points sont simplement hépatisés ; d'autres ont subi l'infiltration et la fonte purulente ; quant aux parties restées saines, elles sont souvent emphysémateuses. En outre, la muqueuse des bronches et de la trachée est rouge, noirâtre et infiltrée de pus, et dans d'autres organes, tels que les reins, le foie, la rate, on peut voir toutes les altérations de la pyohémie et de l'infection septique.

Dans d'autres cas, les lésions tuberculiformes semblent ne pas exister ou passent inaperçues, et ce qui domine, c'est l'infiltration hémorragique généralisée à l'économie entière ou localisée dans certains organes. (*Observ. de Thary et de Lucet, relatives au cheval et à la vache, rapportées antérieurement.*) La maladie revêt alors la forme d'une septicémie hémorragique rapide. Cependant, parfois (*Observ de Thary et Lucet chez le cheval*), il y a quelques foyers inflammatoires bien délimités dans le poumon, le foie ou les reins.

Dans toutes ou presque toutes ces lésions, chroniques ou aiguës, dont l'histologie a été faite antérieurement, le microscope décèle des spores ou du mycélium du champignon parasite.

Traitement. — Jusqu'ici, aucun *traitement curatif* ne semble avoir été essayé. Cependant, *Froehner* et *Friedberger* ont conseillé d'employer, à l'occasion, quelques-unes des substances antiseptiques courantes, tout en faisant remarquer qu'il est « illusoire d'espérer détruire les champignons introduits dans le poumon ou obtenir leur élimination. » Produite à une époque où les merveilleux résultats obtenus par l'emploi des composés de l'iode contre l'actinomycose — maladie également occasionnée par un parasite d'origine végétale — n'étaient pas connus, cette affirmation pouvait être considérée comme exacte. Mais, actuellement, il n'en est plus de même. En raison, en effet, de l'action de l'iode et de l'acide arsénieux sur l'*Aspergillus fumigatus* dans les cultures *in vitro*, et des résultats, incomplets il est vrai, mais néanmoins significatifs, que ces agents m'ont fournis dans les essais thérapeutiques que j'ai rapportés, et en raison aussi des résultats que ces mêmes produits ont donné au Dr Rénon, il semble que l'on ne doit pas être aussi pessimiste, et qu'il y a lieu de compter sur des guérisons possibles. En tout cas, il est indiqué d'avoir recours à ces substances administrées pendant assez longtemps et à doses aussi élevées que possible.

Mais si les recherches dont a été l'objet l'*Aspergillus fumigatus* ces dernières années ne permettent pas encore de désigner, à coup sûr, un *traitement curatif*, efficace, à opposer aux affections qu'il cause, elles ont montré, par contre, quelles sont les *mesures prophylactiques* nécessaires à employer pour les éviter.

Occasionnées par les spores pathogènes développées ou déposées sur les végétaux utilisés pour la nourriture des animaux, et inhalées par eux par suite de leur mobilisation pendant les repas, sous l'influence des actes nécessaires à la préhension des aliments, les *mycoses* seront facilement évitées :

En supprimant les aliments poussiéreux, avariés ou moisis ;

En privant, par un moyen mécanique quelconque, les grains, les fourrages et les pailles des poussières qui leur adhèrent ;

En ventilant et en aérant largement les écuries, de façon à faire disparaitre, le plus possible, les émanations ammoniacales qui, en irritant la muqueuse respiratoire, deviennent une cause prédisposante ;

Enfin, lorsque, malgré tout, les causes de contamination seraient encore à craindre, en mouillant les aliments pour rendre plus fixes, à l'aide de l'humidité, les spores dangereuses déposées sur eux.

DEUXIÈME PARTIE.

DE L'ASPERGILLUS FUMIGATUS DANS LES ŒUFS EN INCUBATION.

INTRODUCTION.

Si les observations concernant les *Mycoses spontanées de l'homme et des animaux* sont nombreuses, et si les études dont ces affections ont été l'objet ont déjà fourni beaucoup de données intéressantes, il est loin d'en être de même en ce qui a trait aux *Mycoses des œufs* et notamment à celles des *œufs en incubation*.

Dareste[1] paraît être le seul qui ait signalé la présence des moisissures dans les œufs soumis à l'incubation; et encore, dans ses recherches, n'a-t-il pas déterminé l'espèce du parasite observé, mais qu'il croit être un *Aspergillus*.

Les faits concernant les *Mycoses des œufs frais* sont plus communs, et un certain nombre d'observateurs en ont rapporté des exemples. En 1893, *Stephen Artault*[2], notamment, a fort bien étudié ces altérations, bien qu'il ne se soit pas mis dans les conditions où l'infection se produit le plus ordinairement, puisque, après avoir indiqué qu'elle a lieu par les pores de la coquille, il s'est contenté, dans ses expériences, d'inoculer ses œufs par effraction.

1. Dareste, *Recherches sur le développement des végétations cryptogamiques à l'extérieur et à l'intérieur de l'œuf de poule. (Comptes rendus de l'Académie des sciences, 1892.)*

2. Stéph. Artault, *Recherches bactériologiques, mycologiques, zoologiques et médicales sur l'œuf de poule et ses agents d'infection.* Paris, 1893.

CHAPITRE PREMIER.

§ 1.

Observation.

Au mois de juin 1893, un meunier, habitant près de Courtenay, vient me consulter au sujet de l'impossibilité dans laquelle il est, depuis le commencement du printemps, de pouvoir obtenir l'éclosion régulière de ses couvées d'œufs de *canards domestiques*. Depuis fort longtemps qu'il se livre à l'élevage de ces oiseaux, c'est la première fois qu'il constate pareil fait, et le préjudice qu'il en éprouve est assez considérable, car, une centaine d'œufs environ soumis à l'incubation lui a seulement donné une vingtaine de canards.

Les œufs dont il se sert, et qui proviennent de la ponte de ses canes, toutes en bonne santé, sont, aussi frais que possible, donnés à couver, en nombre variable, à des poules de race commune, fort bonnes couveuses Les nids, constitués par des paniers d'osier ayant toujours servi à cet usage, ont leur fonds recouvert de paille de blé ou d'avoine de la récolte précédente. Cette paille, sur laquelle sont déposés les œufs, semble d'aspect normal; elle est, en outre, assez souvent renouvelée. Toutes les précautions usitées en pareil cas sont enfin prises, et néanmoins, dans chaque couvée, quelques œufs seulement parviennent à éclore, tandis que les autres « *moisissent intérieurement* » à une époque plus ou moins rapprochée de l'éclosion, et parfois même dès les premiers jours de l'incubation. En outre, parmi ceux qui éclosent, il en est encore quelques-uns qui présentent des moisissures, et les canetons qui en naissent, chétifs et malingres, ne tardent pas à mourir.

Dans le but de contrôler ces dires qui, de prime abord, me paraissent quelque peu invraisemblables, je me rends le lendemain chez ce meunier. J'y trouve, confortablement installées dans des paniers d'osier, ne paraissant laisser rien à désirer quant à la propreté, et dont le fonds est garni de paille de blé brisée, deux poules couvant : l'une, douze œufs depuis huit jours ; l'autre, sept depuis seize jours. Le premier nid a déjà fourni, depuis le début de l'incubation, deux œufs moisis. Quant à la seconde couvée, elle est, pour la même cause, réduite de moitié.

En ma présence, la meunière mire à la main les dix-neuf œufs qui restent dans ces deux couvées, et sur ce nombre, en découvre cinq *tachés intérieurement, au niveau de la chambre à air*, et qu'elle m'affirme être moisis. Trois proviennent du premier nid, deux du second. L'un d'eux, cassé séance tenante, montre, en effet, une moisissure verte, fort bien développée, ayant envahi les deux tiers environ de la chambre à air. En outre, le germe est mort ; toutefois, l'ensemble du contenu des œufs n'offre *aucune trace de putréfaction*.

J'emporte les autres pour les soumettre à un examen plus approfondi.

§ 2.

Aspect des œufs malades. — Nature du parasite. Son origine.

D'aspect extérieur normal, ces œufs offrent au mirage une physionomie particulière.

Les uns, ceux à incubation récente, encore assez transparents, montrent dans leur partie centrale et près de la périphérie, une tache opaque, assez grosse, immobile, vascularisée, fixée au vitellus, et possédant une vague ressemblance avec une grosse araignée. Il s'agit là du germe qui est mort après avoir subi un commencement de développement. En outre, ils laissent voir encore, à leur gros bout, dans leur *chambre à air*, une tache noire, d'étendue variable, immobile, interceptant complétement les rayons lumineux, et rendant opaque la partie de la coquille sur la face interne de laquelle elle siège.

Ceux du second nid, dont l'incubation remonte à une date plus éloignée, ont, dans la plus grande partie de leur étendue, perdu leur transparence par suite du développement plus considérable de l'embryon. Par contre, leur *chambre à air* possède des dimensions plus vastes. Mais là aussi, dans ces œufs, il est facile de voir une tache analogue à celle précédemment indiquée.

Cassés avec précaution, chez tous, cette tâche apparaît constituée par une moisissure verte ou d'un vert fumé, abondante et vigoureuse. Siégeant, dans les uns, exclusivement sur le *feuillet externe de la membrane coquillère*, elle s'étend, dans les autres, jusque sur le *feuillet interne*. Triplés ou quadruplés d'épaisseur, ces feuillets ne présentent pas d'irrégularité bien saisissable sur la face opposée à la moisissure qui paraît s'être développée seulement sur la paroi interne de la *chambre à air*. Cependant, tandis que la face interne du feuillet interne (*face vitelline*), ne montre aucune trace du champignon, la face externe du feuillet externe (*face coquillère*), semble plus adhérente à la coquille que dans les conditions normales, fait que le microscope démontrera dû à la présence de filaments mycéliens développés entre la coquille et sa membrane de revêtement et les unissant plus intimement.

Dans tous ces œufs, l'embryon, plus ou moins développé, est mort : cependant, chez aucun d'eux, il n'y a trace de putréfaction, et il est impossible d'y percevoir l'odeur si caractéristique des œufs pourris. Toutefois, ils ne sont pas complètement inodores, car ils laissent sur l'odorat une sensation spéciale de moisi.

Examinée au microscope, suivant la technique déjà indiquée, la moisissure apparaît appartenir au genre *Aspergillus*. Elle est, en effet, constituée par un mycélium rameux, à parois minces, transparent, incolore, d'où partent des rameaux fertiles, dressés, non cloisonnés, légèrement verdâtres, renflés à leur sommet en une sphère couverte de stérigmates portant chacune un chapelet de petites spores, rondes, lisses, unies, légèrement verdâtres.

Celles-ci, ensemencées dans différents milieux sucrés et glycérinés, ne poussent pas à une basse température. Par contre, elles donnent rapidement naissance à des cultures abondantes, lorsque les milieux ensemencés sont portés à l'étuve à 38° — 40°.

Enfin, inoculées au lapin par voie intra-veineuse, elles provoquent sa mort dans un délai d'une dizaine de jours, avec des lésions tuberculiformes du foie et des reins, lésions qui, à l'ensemencement, reproduisent la moisissure qui les a causées.

Il s'agit donc là de l'*Aspergillus fumigatus*.

En présence de ce fait, et après avoir intéressé la meunière aux recherches que j'allais entreprendre, je la prie de me donner, au fur et à mesure qu'elle les trouvera, les œufs qui moisiront parmi ceux qui lui restent en incubation, et les jeunes canetons qui viendraient à mourir peu après leur éclosion. Elle acquiesce très volontiers à ma demande, et me donne successivement, à différentes époques, neuf autres œufs envahis par l'*Aspergillus* et deux canetons éclos vivants d'œufs moisis, mais morts : l'un, le lendemain de l'éclosion ; l'autre, trois jours après.

Tous ces œufs présentent les altérations déjà décrites. Mais tandis que chez les uns, le champignon a seulement envahi la chambre à air, chez d'autres, il a traversé l'épaisseur de la paroi vitelline de cette chambre et a atteint le vitellus où il se trouve sous forme d'amas mycéliens, et chez d'autres encore, qui sont arrivés au terme de leur incubation, il a gagné l'embryon lui-même et s'est développé à sa surface.

Quant aux deux canetons, ils présentent à l'autopsie, dans le foie : l'un, une tache blanche, circulaire, de la grosseur d'une lentille, entourée d'une aréole inflammatoire ; l'autre, deux noyaux un peu plus petits, de même teinte et de même aspect. Ensemencée dans des milieux favorables, la pulpe de ces lésions donne des cultures d'*Aspergillus fumigatus*.

Quelques fragments de coquille des œufs précédents, revêtus du feuillet externe de la membrane coquillière couvert d'une couche épaisse d'*Aspergillus*, sont fixés par l'alcool, puis décalcifiés par l'acide nitrique et durcis. Colorés en masse par le carmin, puis inclus dans la paraffine, ils fournissent, avec le microtome à bascule, des coupes minces qui, après l'emploi de la méthode de Gram ou celle de Gram-Weigert, donnent des résultats intéressants.

Avec un faible grossissement permettant d'embrasser leur ensemble, ces coupes montrent une véritable forêt de rameaux mycéliens fertiles, dressés sur la face libre de la membrane coquillière, et une masse compacte, feutrée, de mycélium rampant, infiltrant toute l'épaisseur de cette membrane et pénétrant dans tous les interstices de la trame albuminoïde de la coquille. Avec un grossissement plus fort, on aperçoit, en outre, dans les quelques points où ces rameaux mycéliques feutrés sont moins serrés, d'abondantes

petites granulations à caractères mal définis, mais semblant être les éléments propres du tissus sur lesquels le champignon s'est développé.

Durcies par l'alcool, puis colorées, incluses dans la paraffine, coupées et traitées aussi par le Gram-Weigert, les altérations signalées dans le foie des canetons apparaissent constituées par des amas de cellules leucocytiques au milieu desquelles existent quelques fragments de mycélium bien colorés par le violet.

Restait à déterminer l'origine du parasite. Supposant avec quelque raison que ses spores étaient apportées du dehors, je dirigeai d'abord mes recherches du côté des pailles servant à constituer le nid des couveuses.

Dans chacun des deux nids infectés, je prélevai une certaine quantité des pailles qui en recouvraient le fond. Hachés le plus finement possible, les deux échantillons suspects furent ensuite lavés soigneusement avec de l'eau distillée stérilisée, puis cette eau de lavage fut répartie dans quatre grands ballons de verre contenant chacun 250 grammes de liquide de Raulin. Mis à l'étuve, tous donnèrent dès le lendemain de huit à douze colonies, blanches, duveteuses, nageant à la surface du substratum nutritif. Les jours suivants, en même temps que ces colonies revêtirent leurs caractères distinctifs, il s'en développa d'autres, plus nombreuses, dans le sein même du liquide nourricier. Toutes appartenaient à l'*Aspergillus fumigatus*.

Dans cette observation intéressante de *Mycose aspergillaire spontanée des œufs en incubation*, la contamination s'était donc produite par l'intermédiaire de pailles avariées, moisies, servant à constituer les nids des couveuses. Mais il était un point encore à étudier : le mécanisme de l'infection et en même temps les moyens d'y remédier. J'essayai alors de provoquer *expérimentalement* cette mycose, et j'y réussis sans peine, en employant des œufs de poule, dont quarante-quatre furent utilisés.

CHAPITRE II.

§ 1.

Recherches expérimentales.

Remarques générales. — Obligé d'employer, dans ces recherches, l'*incubation artificielle*, il était un certain nombre de précautions à prendre pour mener mes couvées à bien. Je n'eus garde de les oublier. En l'absence d'une couveuse spéciale, je me servis d'une étuve ordinaire de Babès, à doubles parois, chauffée au gaz, munie d'un régulateur à mercure, et dont la température fut réglée et maintenue à 39°—40°. Dans l'intérieur de cette *étuve-couveuse*, un vase fut entretenu plein d'eau, afin de fournir à l'atmosphère ambiante l'humidité nécessaire aux œufs en incubation. Ceux-ci, placés sur un lit de ouate, dans des boîtes de carton ou de bois léger, étaient tournés et retournés tous les jours. En outre, ces boîtes reposaient, non pas sur le fond même de l'étuve, mais sur des bandelettes de bois assez épaisses pour laisser entre elles et le fond de l'étuve un espace suffisant pour éviter tout chauffage direct. Enfin, les œufs étaient choisis aussi frais que possible, sans éraillure de la coquille, mirés, et soigneusement lavés pour supprimer toute chance de contamination autre que celle que je voulais leur imposer.

I. Lorsque leur coquille est intacte, propre, les œufs en incubation ne paraissent pas susceptibles de moisir, même quand ils reposent sur des substances auxquelles adhèrent, en très grand nombre, des spores d'*Aspergillus fumigatus*.

EXPÉRIENCE.

Le 3 juillet 1893, six œufs frais de poule, sont déposés sur une couche d'ouate, sur laquelle j'ai répandu des spores d'*Aspergillus fumigatus* en quantité suffisante pour qu'elle possède une teinte brune accusée. Un de ces œufs est cassé le 10 juillet : l'embryon en voie de développement est vivant ; il n'y a pas trace de moisissure dans la chambre à air. Un autre, cassé le 18 juillet, est clair, mais sans moisissure. Trois éclosent les 24 et 25 juillet et né présentent aucun indice de mycose. Le sixième, enfin, qui est resté clair, cassé le 27 juillet, n'est pas moisi.

Cette expérience, répétée une seconde fois avec quatre œufs, le 8 mai 1894, donne encore un résultat négatif.

II. On obtient encore un résultat négatif quand, à l'aide d'un pinceau ou du doigt, on imprègne la coquille intacte et propre d'œufs en incubation, d'une énorme quantité de spores d'*Aspergillus fumigatus*.

EXPÉRIENCE.

Le 6 juillet 1893, avec un pinceau, je fais adhérer à la coquille entière de trois œufs de poule frais, et notamment au niveau de la chambre à air, une abondante quantité de spores d'*Aspergillus fumigatus* prélevées dans une culture sur pomme de terre. Le même jour, trois autres œufs de même provenance sont imprégnés par frottement, à l'aide de la pulpe du doigt, de spores de la même culture. Tous les six sont enfin déposés dans une boîte, sur une couche d'ouate recouverte elle-même d'un lit de spores du même champignon. Cassés tous successivement les 12, 14, 16, 18, 20 et 24 juillet, aucun de ces œufs, dont un est clair, ne présente trace de moisissure.

III. Le même résultat négatif est obtenu quand, pour faire cette imprégnation de la coquille et pour rendre l'adhérence des spores plus intime, on fait intervenir l'aide d'un liquide indifférent, tel que l'eau distillée.

EXPÉRIENCE.

Le 2 août 1893, à l'aide d'un vigoureux frottement avec la pulpe du doigt, je fais adhérer à cinq œufs de poule dont la coquille a préalablement été humectée d'eau distillée, une énorme quantité de spores jeunes d'*Aspergillus fumigatus* provenant d'une culture sur moût de bière. Cette imprégnation est surtout effectuée avec un grand soin au niveau de la chambre à air. Mirés le 12 août, tous ces œufs, dont l'incubation est en bonne voie, sont exempts de taches suspectes. Contaminés de nouveau et de la même façon à cette époque, puis placés sur un lit d'ouate couverte de spores, tous vont jusqu'à l'éclosion sans présenter d'infection mycotique.

IV. Par contre, on obtient des résultats presque à coup sûr positifs, si l'on remplace l'eau par une substance dans laquelle les spores de l'*Aspergillus fumigatus* sont susceptibles d'évoluer, telle que la gélose, la gélatine, les corps gras, etc.

EXPÉRIENCE.

Le 30 août 1893, deux œufs sont enduits, sur plusieurs points peu étendus de leur périphérie, par frottement, d'une légère couche de gélose glycérinée; deux autres, de gélatine ordinaire; deux autres, de beurre; deux autres, enfin, d'axonge légèrement salée. Sur chacun d'eux, à l'aide d'un pinceau, je fais adhérer aux mêmes points une certaine quantité de spores d'*Aspergillus fumigatus* fournies par une culture sur pomme de terre. Tous sont placés ensuite à l'étuve, dans une boîte en bois léger, dont le fond est garni d'une couche de ouate aseptique.

Mirés le 8 septembre, un œuf à la gélose et un autre à l'axonge, présentent, au niveau de la chambre à air, une tache suspecte. Cassés, cette tache apparaît formée d'une belle touffe d'*Aspergillus fumigatus*. Dans ces œufs, l'embryon cependant n'est pas encore mort.

Les autres, mirés le 15 septembre, en donnent trois encore tachés, savoir : un à la gélose, un à la gélatine, un au beurre. Chez tous, la tache suspecte qui siège dans la chambre à air, sur le feuillet externe, est formée par une grosse touffe d'*Aspergillus*. Dans l'un de ces œufs, l'embryon ne s'est pas développé; dans les deux autres, il est mort déjà depuis quelques jours.

Les deux qui restent ne présentent rien d'irrégulier jusqu'à l'éclosion, qui s'accomplit normalement.

Répétée une seconde fois sur quatre œufs, cette expérience a fourni, en juin 1894, des résultats encore plus accusés. Tous les quatre, en effet, moisirent en l'espace de quelques jours.

V. Pour obtenir une inoculation presque à coup sûr certaine, il suffit même d'étendre sur les œufs en expérience, une couche excessivement mince de graisse quelconque, beurre frais, beurre fondu, axonge, puis de placer ces œufs sur un lit de spores.

EXPÉRIENCE.

Le 12 juillet 1894, trois œufs sont enduits d'une très mince et presque inappréciable couche de beurre frais, de beurre fondu et d'axonge, sur toute l'étendue de leur gros bout. Ils sont ensuite placés à l'étuve à 39°—40°, sur une couche d'ouate saupoudrée abondamment de spores d'*Aspergillus fumigatus*. Sur le même lit, et côte à côte, sont placés trois autres œufs frais à coquille intacte.

Mirés le 18 juillet, ces œufs apparaissent : les trois premiers, infectés par le champignon, les trois autres normaux.

Tous sont remis à l'étuve après avoir toutefois fait subir aux derniers le traitement qui avait été appliqué, dès le début, aux premiers.

Cassés le 26, tous, sauf un de la seconde série, enduit d'axonge, sont moisis. Mais tandis que chez les premiers l'*Aspergillus* a envahi non seulement la chambre à air entière, mais encore aussi le vitellus où existe le germe mort et en voie de développement, chez les autres il est moins abondant, et l'embryon, également mort, a acquis des dimensions plus considérables.

VI. Cette infection des œufs en incubation, facile à produire si on prend le soin de badigeonner leur coquille d'un corps gras quel qu'il soit, est obtenu très rapidement ; en outre, elle peut avoir lieu par l'intermédiaire d'un point quelconque de leur péri-phérie.

EXPÉRIENCE.

Le 17 juin 1894, cinq œufs de poule, frais pondus, sont déposés dans une boîte en bois léger, dont le fond est garni d'une couche d'ouate, sur laquelle je répands, en grande quantité, des spores d'*Aspergillus fumigatus* récoltées dans une culture récente sur pomme de terre.

Mirés le 26 juin, tous semblent être en bonne voie d'incubation. Ce jour-là, l'un d'eux est garni, au niveau de la chambre à air, à l'aide d'un pinceau, d'un très mince enduit d'axonge, puis est replacé avec les autres sur son lit d'ouate.

Mirés tous de nouveau le 30 juin, seul celui-ci se montre taché. Cassé, il présente sur le feuillet externe de la membrane coquillère une touffe d'*Aspergillus* de la largeur d'une pièce de cinquante centimes, dont le centre est arrivé à maturité.

Ce même jour, un autre œuf est traité de la même façon sur toute la périphérie du petit bout. Cassé le 9 juillet, sa chambre à air est garnie d'*Aspergillus*, et son embryon lui-même présente quelques traces de mycélium, mais sans apparence de fructification ; en outre, cet embryon est mort.

A cette date, c'est-à-dire quelques jours avant l'éclosion qui doit se produire du 8 au 10 juillet, j'infecte les trois œufs qui restent, dans un point quelconque de leur surface, à l'aide d'axonge, à laquelle ont été incorporées d'assez nombreuses spores. Aucun d'eux n'éclôt. Cassés le 14 juillet, tous montrent leur embryon mort et en partie couvert d'*Aspergillus* complètement développé, et ayant envahi presque tout l'intérieur libre, c'est-à-dire non seulement la chambre à air, dont les dimensions se sont accrues sous l'influence de l'incubation, mais encore la face interne de la membrane coquillère, dans les points où elle est en contact ordinairement avec l'albumen ou le vitellus.

§ 2.

Conclusions.

De tous les faits rapportés dans cette étude concernant la *Mycose aspergillaire des œufs en incubation*, il est facile de tirer des données tout à la fois théoriques et pratiques.

En premier lieu, il est hors de doute que dans le cas spontané que j'ai rapporté, l'infection s'est produite par l'extérieur.

D'un côté, la présence, démontrée expérimentalement, des spores de l'*Aspergillus fumigatus* sur les pailles servant à couvrir le fond des nids d'osier utilisés par la meunière pour mettre couver les œufs de ses canes; et, d'un autre côté, l'excellent état de santé des oiseaux ayant fourni ces œufs, excluent toute idée de contamination par l'oviducte, — fait qui doit être très rare, du reste, tout en étant possible dans certains cas bien déterminés.

Par ailleurs, la régularité de la présence d'une moisissure toujours la même, dans près d'une centaine d'œufs fournis par des femelles différentes, et aussi les époques irrégulières de l'apparition des touffes mycotiques dans ces œufs en incubation, s'opposent à ce que l'on puisse considérer l'infection comme ayant pu avoir lieu avant la production de l'enveloppe calcaire.

En outre, enfin, la coïncidence de la disparition de ces accidents, avec l'emploi des moyens que j'avais conseillés pour les supprimer, — moyens dont il va être question, — indique encore que seules les litières où étaient déposés les œufs, doivent être regardées comme la cause unique de cette infection mycotique curieuse.

Des expériences auxquelles je me suis livré, il résulte, en second lieu, que l'infection ne se produit pas, dans ces circonstances, par l'introduction directe des spores pathogènes dans l'intérieur de l'œuf à l'aide d'un défaut de la coquille ou par ses pores, mais bien par la pénétration, dans les porosités de ce revêtement calcaire, du mycélium rudimentaire produit par la germination des conidies adhérentes à l'œuf, et maintenues à sa surface par une mince couche d'un corps gras qui leur fournit les premiers matériaux nécessaires à leur évolution.

Ce fait est mis en évidence non seulement par les recherches que j'ai rapportées, qui démontrent l'insuccès des tentatives d'inoculation quand la coquille de l'œuf est sèche et propre ou même humectée d'un liquide indifférent, tandis qu'elles sont couronnées de succès lorsque, au contraire, la coquille est imprégnée, si peu soit-il, d'une substance susceptible de servir de milieu nourricier au parasite, mais encore par certaines recherches microscopiques.

Si, en effet, dans les premiers jours qui suivent une inoculation pratiquée dans ces dernières conditions, on râcle soigneusement la surface inoculée et qu'on examine au microscope les spores ainsi prélevées, il est facile d'en voir, parmi elles, un certain nombre ayant commencé leur évolution, fait qu'on ne constate pas quand l'inoculation a eu lieu par la première manière.

En outre, si après fixation et décalcification on pratique, suivant les méthodes usitées, au travers des membranes d'œufs inoculés, des coupes très minces, jamais le microscope n'y révèle, quelles que soient l'époque choisie pour cet examen et la méthode employée pour provoquer l'infection, aucune spore siégeant à la face externe de la membrane coquillère.

Par contre, cette étude microscopique des altérations des œufs contaminés fait voir, dans certaines des coupes provenant d'œufs où l'*Aspergillus* s'est bien développé, des tubes mycéliaux traversant de part en part, non seulement la membrane coquillère, mais encore la trame servant de support à la coquille.

Il faut donc, pour que l'infection se produise, que la surface des œufs soit imprégnée de corps, gras ou autres, permettant aux conidies dangereuses existant dans les nids, de se fixer sur la coquille et d'y commencer leur évolution. Or, ce fait, l'imprégnation de la coquille des œufs, mis en incubation, par des substances aptes à permettre le développement de mucédinées, est réalisé dans les cas d'incubation par les oiseaux, par les couveuses elles-mêmes, à l'aide de leurs plumes, naturellement enduites de substances organiques.

Il résulte enfin de tout ce qui précède, que les changements fréquents que les couveuses font subir à leurs œufs, dans le but d'obtenir une répartition plus égale de la chaleur et d'éviter les adhérences que les enveloppes de l'embryon pourraient contracter avec la coquille, sont encore une cause de contamination.

Par ces manœuvres de retournement, en effet, toute la périphérie de l'œuf vient successivement en contact avec les matières des nids pouvant être chargées de spores, d'où augmentation des chances d'infection, qui deviennent d'autant plus grandes que, dans le même temps, ces litières sont elles-mêmes remuées et les spores qui leur adhèrent mises en mouvement.

Les moyens pratiques à employer en vue d'éviter les accidents du genre de celui que je viens d'étudier sont faciles à formuler, car ils découlent naturellement des conclusions précédentes :

1° Ne mettre couver que des œufs à coquille propre et intacte;

2° Ne se servir, pour la confection des nids, que de substances privées de poussières, non avariées et non moisies;

3° Au besoin, soumettre à une température sèche de 60 à 65°, pendant plusieurs jours, les substances destinées à servir de lit aux couveuses ;

4° Dans le cas où, dans une couvée, un œuf viendrait à moisir, s'empresser de changer de nid le reste de la couvée, ou tout au moins de renouveler les pailles ou autres substances sur lesquelles les œufs sont déposés.

TABLE DES MATIÈRES

DEUXIÈME PARTIE.

DE L'ASPERGILLUS FUMIGATUS DANS LES ŒUFS EN INCUBATION.

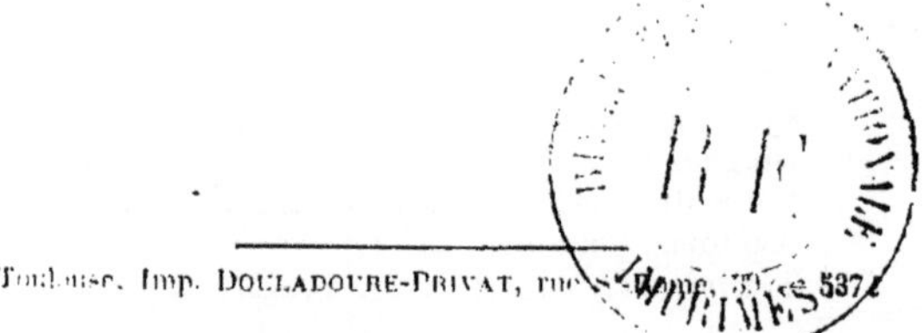

Toulouse. Imp. DOULADOURE-PRIVAT, rue St-Rome, 39. — 537

PLANCHES

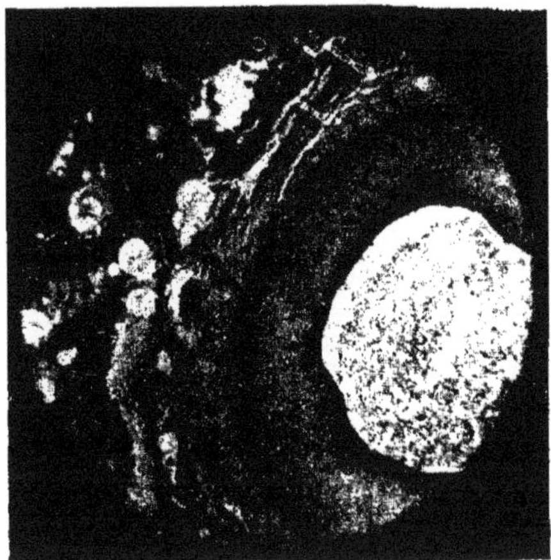

Ph. 1. — Mycose spontanée de l'oie. Coupe du poumon au niveau d'une bronche envahie par l'*Aspergillus*. Les parois de cette bronche sont considérablement épaissies. La lumière de la bronche est remplie de mycélium. Grossissement : 30.

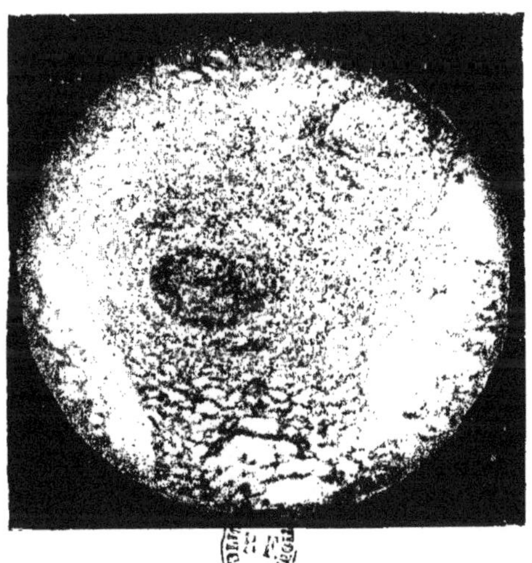

Ph. 2. — Mycose spontanée de l'oie. Tubercule du Poumon. Grossissement : 60.

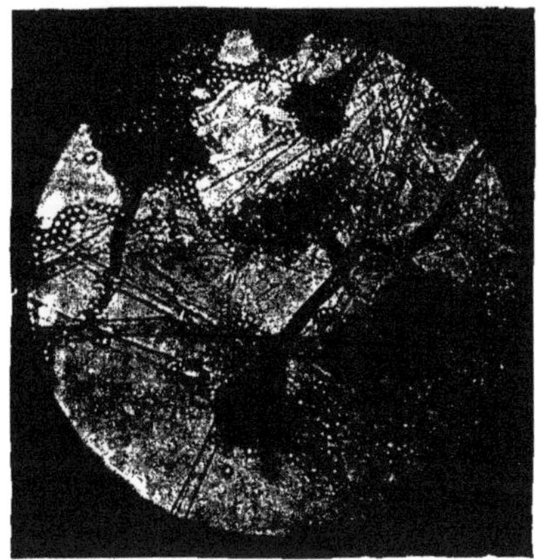

Ph. 3. — Aspect de l'*Aspergillus fumigatus*, dans une culture sur gélose faite au contact de l'air. Les têtes sporifères, volumineuses, sont couvertes de spores. Grossissement : 250.

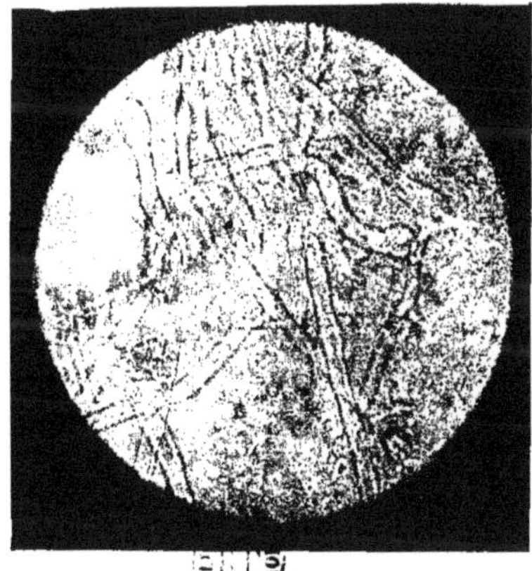

Ph. 4. — Aspect de l'*Aspergillus fumigatus*, dans une culture sur gélose privée d'air. Les têtes sporifères sont chétives, avortées, sans stérigmates et sans spores. Grossissement : 250.

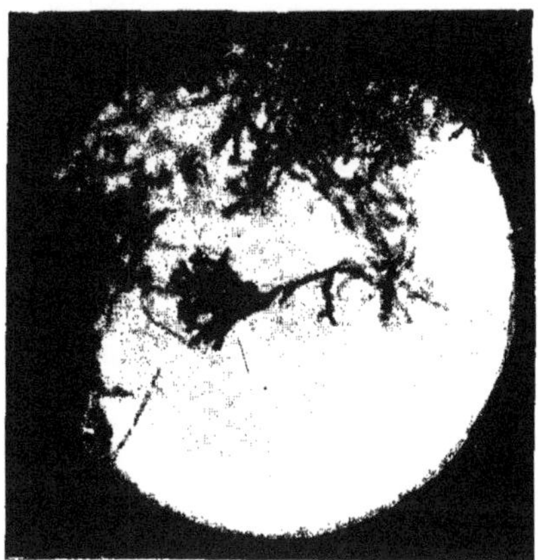

Pн. 5. — Mycose expérimentale du lapin. Touffe mycélienne isolée d'un tubercule jeune, à l'aide de la potasse. Grossissement : 500.

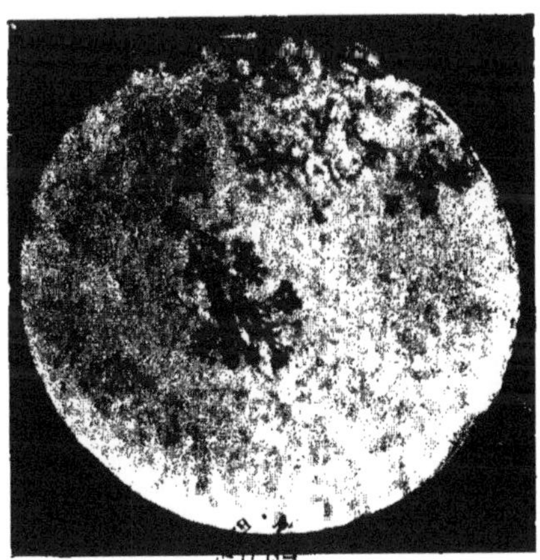

Pн. 6. — Mycose expérimentale du lapin. Coupe du rein. Mycélium développé dans les tubes urinifères, presque sans réaction leucocytique. Grossissement : 100.

Pн. 7. — Mycose expérimentale du lapin. Vue d'ensemble du mycélium développé dans la totalité d'un tubercule du rein, et isolé, à l'aide de la potasse. Grossissement : 150.

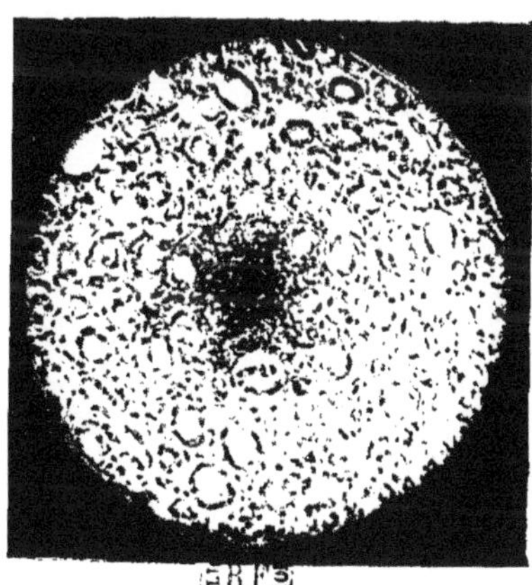

Pн. 8. — Mycose expérimentale du lapin. Coupe d'un tubercule du rein. Grossissement : 500.

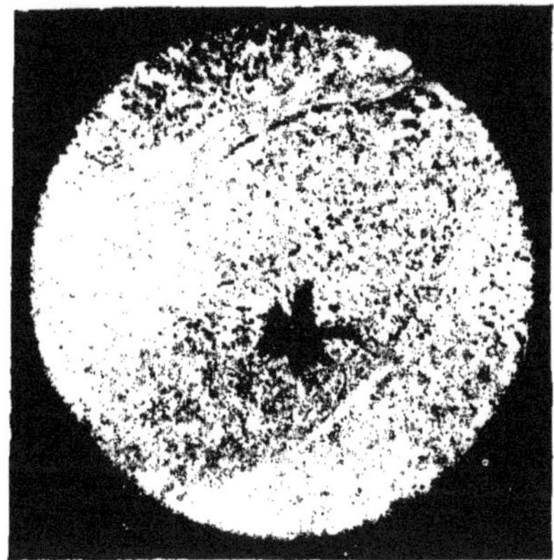

Fig. 9. — Mycose expérimentale du lapin. Coupe d'un tubercule jeune du foie. — Des spores se sont échouées dans un capillaire dont les parois sont encore visibles. Elles ont germé et donné naissance à une touffe mycélique disposée en buisson et englobée dans un amas de cellules leucocytiques. Grossissement : 160.

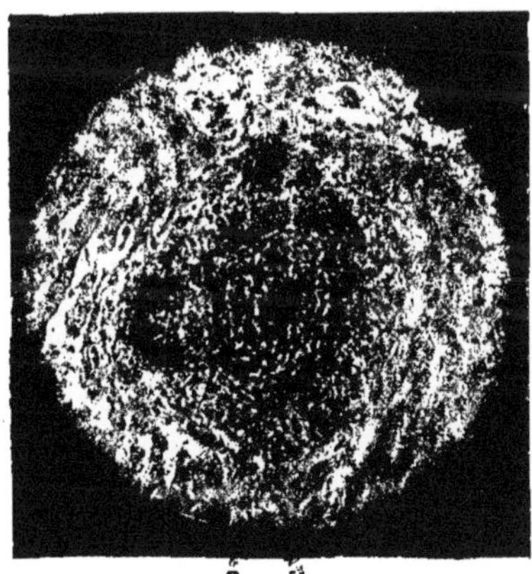

Fig. 10. — Mycose expérimentale du lapin. Tubercule jeune du foie au centre duquel existe un petit amas mycélien. Grossissement : 160.

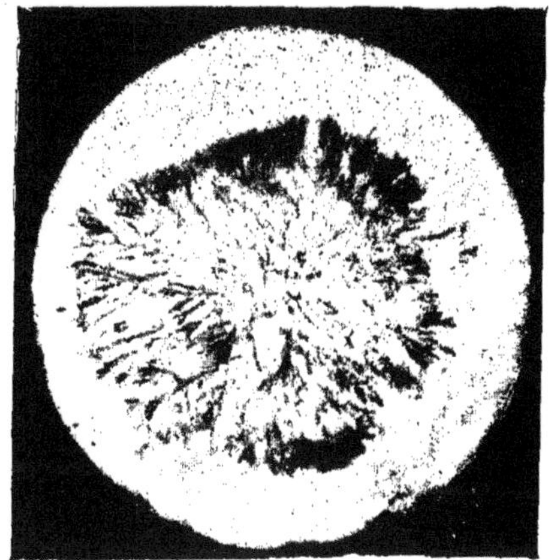

Pн. 11.— Mycose expérimentale du cobaye. Touffe mycélienne jeune isolée,
à l'aide de la potasse, d'un tubercule de la rate. Grossissement : 400.

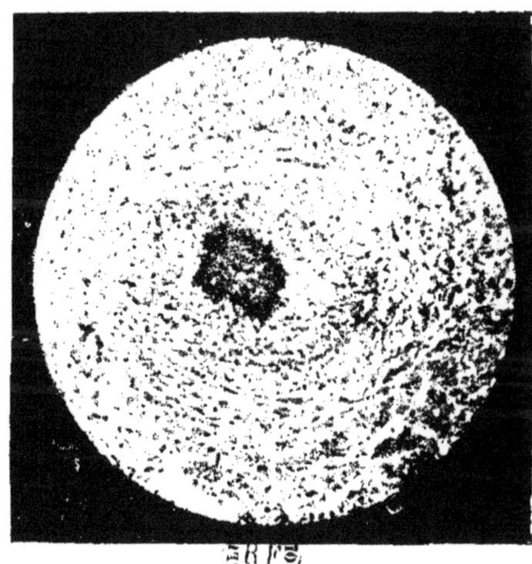

Pн. 12. — Mycose expérimentale de l'oie. Coupe du poumon au niveau
d'un tubercule jeune, dont le centre est occupé par un énorme amas
mycélien au milieu duquel on voit encore la spore qui lui a donné
naissance. Grossissement : 250.

Ph. 13. — Mycose expérimentale du lapin. Coupe d'un tubercule développé dans la paroi de l'estomac. Grossissement 100.

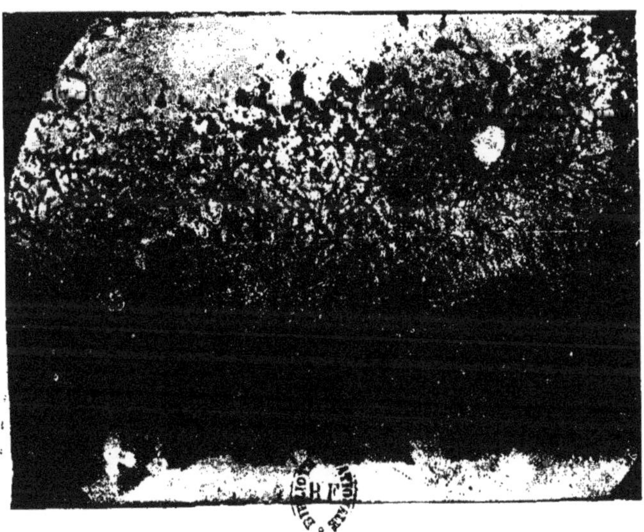

Ph. 14. — Coupe de la membrane coquillière d'un œuf de poule, envahi par l'*Aspergillus fumigatus*. Le parasite forme une véritable forêt sur la surface libre de la membrane. Grossissement : 100.

EN VENTE A LA MÊME LIBRAIRIE

Charles MENDEL, éditeur, 118 et 118 bis, rue d'Assas, Paris

COMBES (P.). — **L'Art d'empailler les petits animaux.** Suivi d'une liste des petits animaux qu'on peut facilement se procurer en France. A l'usage des naturalistes amateurs et des collectionneurs. — Une brochure avec figures........ 0 fr. 60

PANIS (G.). — **Les Papillons de France.** Catalogue méthodique, synonymique et alphabétique, et manuel du lépidoptériste, contenant plusieurs chapitres sur la classification et la conservation des lépidoptères, la manière d'élever les chenilles, etc. — Un fort volume de 320 pages avec planches hors texte................ 3 fr. 50

LARBALÉTRIER (A.). — **Acclimatation pratique des plantes et des animaux utiles à l'industrie, aux arts et à l'agriculture.** — Un volume broché, avec nombreuses gravures........ 2 fr.

LARBALÉTRIER (L.). — **Les Plantes dans les appartements, sur les fenêtres et les balcons.** — Un volume broché, avec nombreuses gravures.................... 2 fr.

BAROT (L.). — **Les Plantes mellifères.** Leurs noms scientifiques, leurs noms vulgaires, l'époque de leur floraison, leur habitat. — Un volume broché.............. 1 fr.

BAROT (L.). — **Nos Moutardes et leur rôle en agriculture.** Moutarde blanche (*Sinapis alba*), moutarde des champs (*sinapis arvensis*), moutarde noire (*sinapis nigra*). — Un volume broché, avec quatre planches hors texte. 1 fr. 25

VIAUD (G.). — **La Nature et la Vie.** Régénération de l'homme par le végétal................... 3 fr. 50

CHOQUET (J.). — **La Photomicrographie histologique et bactériologique.** — Un volume avec 7 planches en photocollographie et nombreuses gravures......... 8 fr.

GRIVEAU (M.). — **Le Blé.** Caractères botaniques. — Culture, meunerie, boulangerie. — Avec 15 gravures. .... 0 fr. 60

MENDEL (Ch.). — **Traité pratique de photographie à l'usage des amateurs et des débutants.** — Un volume broché, 88 gravures (3ᵉ édition)................ 1 fr.

GAUTIER (G.-E.-M.), ingénieur agronome. — **La Représentation artistique des animaux.** — Application, pratique et théorie de la photographie des animaux domestiques, particulièrement du cheval, arrêté et en mouvement. — Un fort volume in-12, contenant 4 planches hors texte................... 5 fr.

FERREYROL (M.), pharmacien-chimiste. — **Manuel pratique pour la fabrication économique et rapide des liqueurs et des spiritueux** sans distillation. — Un volume in-16, broché........ 1 fr. 25

LARBALÉTRIER (A.). **Les Falsifications des denrées alimentaires.** — Moyens simples et faciles pour les mettre soi-même en évidence, permettant à toute personne de soumettre elle-même à des essais les denrées les plus communes, ainsi que les boissons alcooliques, les huiles, vinaigres, conserves, etc. — Un vol. in-16 avec figures.. 1 fr. 25

La Science en Famille. *Revue illustrée de vulgarisation scientifique*, publiée sous la direction de Charles MENDEL. — Abonnement : un an, 6 fr.; union postale, 8 fr. — Le nᵒ 0 fr. 25, chez les libraires et dans les gares.

Photo-Revue. *Journal des photographes et des amateurs de photographie.* (Recettes, procédés, formules, articles de fond, conseils aux amateurs, etc., etc.) — Abonnement : **1 fr. par an**, pour le monde entier. — Le nᵒ, 0 fr. 10 c., chez les libraires et dans les gares.

Agenda (Charles MENDEL) du Photographe. Paraît tous les ans depuis 1895, indispensable à l'amateur de photographie. — Prix : 1 franc.

Envoi **franco** *du CATALOGUE sur demande.*

Toulouse. — Imp. Douladoure-Privat. — 5372

BIBLIOTHEQUE NATIONALE DE FRANCE

3 7531 05084232 8

www.ingramcontent.com/pod-product-compliance
Ingram Content Group UK Ltd.
Pitfield, Milton Keynes, MK11 3LW, UK
UKHW031847170726
13836UKWH00004B/1933

9 782329 595207